Roy Virgilio

FUSIONE FREDDA:

COS'E' E COME FUNZIONA

La storia, i principi, lo stato dell'arte e il futuro
del controverso fenomeno in un breve saggio
divulgativo

Pubblicato su www.lulu.com

Direzione editoriale: Roy Virgilio

Autore: Roy Virgilio

Editing e Impaginazione: Massimo Mastrangeli e Erika Viola

Copertina: Roy Virgilio

Disegno di copertina: Silvia Franzi

I edizione: ottobre 2010

Collana: "La Pillola Verde"

ISBN 978-1-4461-1645-6

Dedicato a
Viki e Leila
due semi illuminati che
crescono nel mio giardino
rendendolo unico e fertile d'amore

Ringraziamenti

Il mio primo ringraziamento va al grande Amico Claudio Ciavaroli che mi ha fatto conoscere un mare di persone meravigliose fra cui Roberto Germano, la mia prima "porta" sulla fusione fredda.

Grazie anche alla fraterna amicizia, competenza e genio della coppia casertana Domenico Cirillo e Vincenzo Iorio che mi hanno fatto vedere i primi bagliori della magia delle LENR.

Un altro grazie molto sentito e quello che va a tutti gli esperti di fusione fredda, teorici e sperimentali, che mi hanno dimostrato la loro disponibilità, umiltà, onestà di intenti e grande amore per il loro lavoro. In particolare Emilio Del Giudice, Peter Gluck, Francesco Celani e Francesco Piantelli.

E poi un instancabile grazie agli utenti del "mio" Forum che tanto portano, tanto animano e tanto danno di loro condividendo non solo conoscenze ma passione e amicizia.

La vera via per un mondo nuovo.

Sommario

Prefazione

di Roberto Germano

> «When a thing was new, people said:
> "Anyway, it is not true".
> Later, when its truth became obvious, people said:
> "Anyway, it is not important".
> And when its importance could no longer be denied, people said:
> "Anyway, it is not new" »
> (William James)

Mentre mi accingo a scrivere queste righe sono passati ben 12 anni dal 1998, anno in cui finivo di scrivere il mio saggio sulla fusione fredda, poi edito ben 2 anni dopo, nel 2000, dalla coraggiosa casa editrice di scienza e filosofia "Bibliopolis" di Napoli. Infatti, l'editore che aveva inizialmente mostrato interesse per quel saggio, non aveva più voluto pubblicarlo, in quanto nel frattempo aveva maturato l'opinione che si trattava di un argomento "controverso e quindi pericoloso" per le buone sorti della sua azienda. Probabilmente in maniera analoga ebbero a pensare anche i decisori di quella ventina di case editrici da me in seguito inutilmente contattate, prima di incrociare fortunosamente la mai troppo lodata "Bibliopolis".

Malgrado queste peripezie, nel 2000 rimanevo comunque dell'opinione che di lì a poco si sarebbe assistito ad una proliferazione di saggi divulgativi, dibattiti, documentari, ecc... su quell'argomento che mi sembrava ormai troppo eclatante da poter rimanere ancora in sordina, dopo già 11 anni dal fatidico annuncio di Fleischmann e Pons (1989) e il successivo – scientificamente e razionalmente infondato – battage di ridicolizzazione. Eppure, sto scrivendo la prefazione all'unico libro che da allora sia mai più stato dedicato a questo argomento in Italia! Beh, almeno c'è un altro editore italiano altrettanto coraggioso dopo 10 anni... Ebbene, no! Soltanto l'autore lo è. Infatti – l'evoluzione informatica lo permette - il libro è auto-pubblicato come e-book!! Interessanti premesse queste, che - già da sole - rendono il presente libro particolarmente interessante.

Con eccellenti doti di sintesi, Roy Virgilio, fa il punto della situazione sulla cosiddetta Fusione Fredda, dalla sua nascita ai giorni nostri.

Roy Virgilio da ormai ben 12 anni, con l'entusiasmo della sua attività volontaristica, si occupa di questa ed altre tematiche connesse alle energie pulite e all'ambiente, coinvolgendo migliaia e migliaia di persone, con un'attività che potrebbe definirsi di Open Innovation.

Voglio ricordare che è anche grazie al suo coinvolgimento che ho trovato l'entusiasmo di finire di scrivere il mio successivo saggio "AQUA, Le mirabolanti avventure dell'acqua elettromagnetica" (sempre edito da Bibliopolis e con la prefazione di Emilio Del Giudice). Ricevetti, infatti, un suo "insistente" invito a parlare di Fusione Fredda a Pisa un po' di anni fa, ma ormai lo ritenevo quasi inutile; eppure alla fine mi convinsi, e – con mio grande stupore ed emozione - incontrai lì degli studenti di Fisica dell'Università "Federico II" di Napoli accorsi a Pisa espressamente attratti dall'argomento, proprio dalla mia stessa città! Questo semplice ma significativo episodio mi ridiede entusiasmo e fiducia nell'utilità di comunicare una serie di informazioni generalmente ignote, quando non discreditate.

Può sembrare ovvio, ma comunicare cose nuove - ed è nuovo ciò che ancora deve essere ben compreso e contestualizzato dalla maggior parte di noi - è condizione necessaria perché i tanto celebrati processi di innovazione si realizzino. Sempre più spesso, invece, si assiste alla insistente, martellante, estenuante, comunicazione di cose vecchie, se non addirittura false. E' molto meno impegnativo e meno rischioso. Inoltre rafforza lo status quo. Cosa c'è di meglio?

Questo libro va nella direzione contraria.

In questa prima metà del XXI secolo, è giunto il tempo che, facendo rete, si pervenga alla prossima transizione cognitiva e sociale. Ricorderemo, allora, sorridenti, i troppi tabù "scientifici" che in maniera meschinamente bigotta oggi tristemente ingessano ogni residua traccia di entusiasmo vitale della vasta e vischiosa schiera dei piccoli intellettualoidi benpensanti.

Introduzione

La storia insegna che le nuove scoperte, soprattutto quando vanno a modificare sensibilmente il paradigma e sistema dominante del periodo, tendono ad essere rifiutate, negate e posticipate di anni, decadi e a volte persino secoli. Ma è pur vero che, come recitava Viktor Hugo: *"C'è una cosa più forte di tutti gli eserciti del mondo, ed è un'idea il cui tempo sia giunto"*.

Il fenomeno della Fusione Fredda fa parte di questa categoria di scoperte e per molteplici ragioni è stata affossata, derisa, negata e, ultimamente, visto che non è più ignorabile, ridimensionata a mera curiosità scientifica. Forse bisognerà ancora attendere qualche anno affinché si realizzi un famoso aforisma di Max Planck: *"Una nuova verità scientifica non trionfa perché i suoi oppositori si convincono e vedono la luce, quanto piuttosto perché alla fine muoiono, e nasce una nuova generazione a cui i nuovi concetti diventano familiari"* ma è solo questione di tempo (perso), la Verità si realizza al di la della volontà umana proprio per la sua natura, per il fatto di essere una possibilità inclusa nel nostro Universo, una condizione reale che non attende altro che di essere vissuta.

In questo breve e-book cercherò di descrivere con un linguaggio semplice e spero chiaro, cos'è la fusione fredda e come può avvenire che due nuclei fondano insieme senza la necessità di fornire loro grandi energie e senza emettere radiazioni pericolose. Daremo un occhiata a quali sono le potenzialità di questa reazione, quale storia ha percorso e come si configurano gli esperimenti che ottengono questo "miracoloso" risultato. Fino a giungere a quelle che sono le ultime implementazioni tecniche e risultati di avanguardia raggiunti in Italia e nel mondo.

L'obiettivo è quello di realizzare un vademecum sulla fusione fredda che riesca a raggiungere un vasto pubblico e fornire quelle informazioni di base che possano far comprendere la realtà del fenomeno, la sua scientificità e le sue potenzialità. Questo sarà solo un punto di partenza da dove, il lettore più esigente, potrà attingere ai punti salienti e alle parole chiave per poi affrontare ricerche più ampie e mirate. Per tanto non ho pretesa di completezza ma piuttosto quella di cercare di cambiare la reputazione di questo fenomeno dalla sua accezione comune di *"bufala"* a una più concreta consapevolezza di *"importante scoperta scientifica"* cercando di accelerare la diffusione nel mondo di questa splendida opportunità che la natura ha voluto consentire.

Capitolo 1 - L'energia nucleare

Considerato che la *fusione fredda* è un fenomeno che riguarda la fusione di nuclei atomici, è opportuno premettere un breve approfondimento su cos'è l'energia nucleare e come si possa estrarre.

Attualmente siamo a conoscenza di tre metodi per ottenere energia di origine nucleare:

1) La **Fissione nucleare,** ovvero la scissione, la spaccatura del nucleo di un elemento pesante (ovvero di un atomo dal numero atomico alto, tipo l'uranio 235) in 2 frammenti principali ed in altre particelle, fra cui 2-3 neutroni. Questo è il metodo utilizzato nei reattori nucleari delle centrali per la produzione di energia e nelle *bombe A* (a uranio o plutonio);
2) La **Fusione nucleare** *calda,* ovvero la fusione di due nuclei leggeri (ad esempio, idrogeno e suoi isotopi) in uno più pesante (elio). Questo è il metodo principale utilizzato in natura dalle stelle e che l'uomo tenta (finora, in larga parte invano) di replicare sulla Terra da circa 50 anni;
3) La **Fusione nucleare** *fredda,* ovvero sempre una reazione di fusione molto simile a quella calda ma che per avvenire non necessita di temperature (nè di energie) elevate. Questo metodo fino ad oggi sembra essere utilizzato solo a scopi bellici per la creazione di bombe *"micronuke"*[1].

---

[1] Vedere ad esempio l'inchiesta di RaiNews 24 "Anatomia di una bomba"di Flaviano Masella, Angelo Saso e Maurizio Torrealta.

Analizziamo un po' più in profondità i 3 metodi.

Fissione nucleare

La prima persona che intuì la possibilità di ricavare energia dal nucleo dell'atomo fu lo scienziato Albert Einstein nel 1905, ma solo nel 1934 si posero le basi della comprensione teorica della fissione.

La **fissione nucleare** è una reazione in cui nuclei di, ad esempio, uranio 235, plutonio 239 o di altri adeguati elementi pesanti, vengono divisi in frammenti tramite il bombardamento con neutroni o altre particelle elementari. Tale processo libera energia.

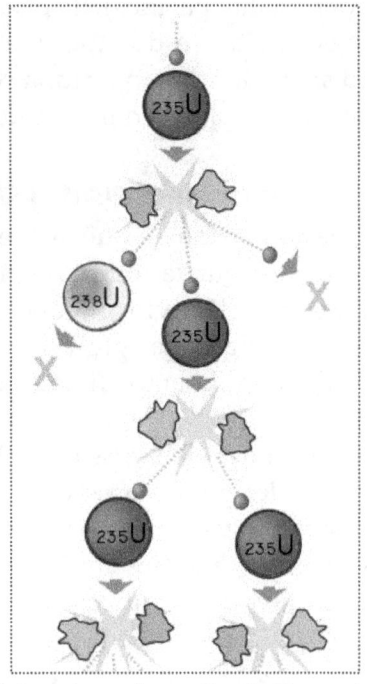

Quando un nucleo di materiale fissionabile assorbe un neutrone, esso si scinde producendo due o più nuclei più piccoli e un numero variabile di nuovi neutroni (2-3). La somma delle masse di tutti gli elementi finali è leggermente inferiore a quella del nucleo originario: la differenza (m) si è trasformata in energia, secondo la nota relazione di Einstein E=mc², dove c rappresenta la velocità della luce nel vuoto (299.792.458 m/s). Quantitativamente, la fissione di 1 nucleo di Uranio 235 (^{235}U) fornisce 211 MeV[2], valore calcolabile con la formula

$$E = M_{U^{235}+n}\ c^2 - M_P\ c^2$$

dove la prima massa è la massa del nucleo di ^{235}U e del neutrone incidente, la seconda massa è la somma delle masse dei nuclei e dei neutroni prodotti. Per cui, parte della massa iniziale si trasforma in energia sotto forme diverse, la maggior parte (circa 167 MeV) in energia cinetica dei frammenti pesanti prodotti della reazione. Circa 11 MeV sono trasportati via dai neutrini

---

[2] Leggasi Mega elettronvolt, unità di misura dell'energia pari a un milione di elettronvolt. In base alla suddetta relazione di Einstein, il MeV è anche usato come unità di misura delle masse atomiche.

emessi al momento della fissione, mentre l'energia effettivamente sfruttabile come energia termica è di circa 200 MeV per ogni fissione.

I nuovi neutroni prodotti possono venire assorbiti dai nuclei degli atomi di ^{235}U vicini (vedi immagine): se ciò avviene, essi possono produrre una nuova fissione del nucleo. Se il numero di neutroni che da luogo a nuove fissioni è maggiore di 1 si ha una reazione *a catena,* ovvero in cui il numero di fissioni nucleari aumenta esponenzialmente con il tempo. Si parla allora di reazione a catena *incontrollata,* che è alla base del (primo, storicamente) utilizzo a fini bellici dell'energia atomica. Se tale numero è invece uguale a 1, si ha una reazione a catena stabile utilizzata ai fini della produzione controllata (pacifica) di energia. In tal caso si parla di *massa critica.* La massa critica è dunque quella concentrazione di atomi con nuclei fissili (disposti in una opportuna configurazione) per cui la reazione a catena si mantiene stabile ed il numero di neutroni presente nel sistema non varia.

Fusione nucleare calda

Questa reazione è quella che avviene da miliardi di anni all'interno delle stelle ma, pur se compresa pressoché del tutto nel suo sviluppo teorico fin dagli anni '50, vi sono ancora dei tasselli non completamente chiari per quanto riguarda gli accadimenti sulla nostra e le altre stelle. Ma l'approfondimento di questo aspetto esula dagli obiettivi del presente libro.

Al contrario della fissione, che necessita di nuclei molto grandi e pesanti, la fusione avviene di norma mediante gli elementi più semplici e leggeri dell'universo: l'idrogeno ed i suoi isotopi. Come avviene ?

In questa versione "tradizionale", i nuclei dell'idrogeno, sottoposti a temperature e pressioni molto elevate, fondono formando nuclei di elementi più pesanti, come l' elio.

Questo vuol dire che le energie cinetiche in gioco (calore) sono tanto elevate che

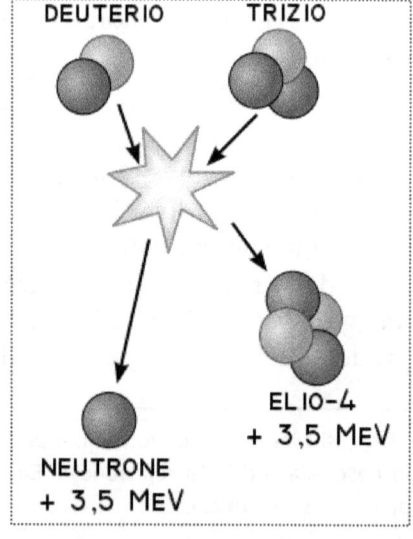

DEUTERIO   TRIZIO

ELIO-4
+ 3,5 MEV

NEUTRONE
+ 3,5 MEV

riescono a superare la repulsione elettrostatica dei nuclei facendoli avvicinare così tanto che l'energia nucleare diventa predominante su quella elettrostatica e i due nuclei, pur di carica uguale, si fondono insieme. In questa reazione, similmente a come abbiamo visto per la fissione, la massa complessiva dei prodotti è inferiore a quella delle particelle interagenti, e quindi anche in questo caso si verifica la liberazione di energia secondo il principio di equivalenza massa-energia. L'energia in eccesso viene emessa sotto forma di raggi gamma[3] ed energia cinetica dei neutroni rilasciati.

L'efficienza di questa reazione nucleare è la maggiore fra tutte quelle che si trovano in natura. Infatti circa lo 0,4% della massa che entra in gioco viene trasformata in energia. Rispetto alla fissione nucleare, essa è ben 3-4 volte più efficiente[4] e, come tutte le reazioni nucleari, è circa 1.000.000 di volte più efficiente di qualsivoglia reazione chimica[5]. Non a caso è la soluzione utilizzata in natura per far funzionare i nostri "datori di energia", le stelle.

Fusione nucleare fredda

La terza ed ultima tipologia di reazione è la più giovane, nel senso che la natura nucleare del fenomeno, sebbene ipotizzata anni prima, è stata definitivamente dimostrata solamente nel 2002 da parte dell'"Unità Tecnico Scientifica Fusione" dell'Enea di Frascati, sebbene essa non abbia ancora una comprensione teorica comunemente e completamente accettata. Ovviamente, queste attuali mancanze umane non impediscono al fenomeno di verificarsi...

Segnalo, come curiosità storica, che la prima traccia di una fusione a bassa energia fu riscontrata da due australiani, Friedrich Paneth e Kurt Peters, addirittura verso la fine degli anni '20 del secolo scorso. Essi osservarono

---

[3] I raggi gamma sono una forma di radiazione elettromagnetica dovuta a radioattività causata da transizioni nucleari.

[4] Università di Princeton, USA:
http://www.princeton.edu/~chm333/2002/spring/Fusion/tour1/3-fusion_vs_fission.htm

[5] Nelle reazioni chimiche si ottiene solo qualche elettronVolt (eV) di energia per coppia di atomi interessati. Nelle reazioni nucleari invece le energie sono nell'ordine dei Mega-elettronvolt (MeV) per coppia di nuclei interessati. Di conseguenza, a parità di energia ottenuta, la massa che deve essere trasformata in un processo nucleare è un milione di volte inferiore a quella necessaria ad es. per la combustione.

infatti la trasformazione di idrogeno in elio quando l'idrogeno era assorbito da piccolissimi frammenti di palladio attraverso una reazione nucleare spontanea che avveniva a temperatura ambiente. Bisogna anche dire che gli stessi scienziati ritrattarono poi il loro report argomentando che l'elio misurato poteva rientrare nelle quantità normalmente presenti nell'aria.

La reazione in questione avviene, come per la fusione calda, attraverso la fusione di due nuclei di isotopi di idrogeno (deuterio) con la creazione di un atomo di Elio-4 e raggi gamma (fotoni) ma senza necessitare di altissime energie e temperature.

Come può accadere ciò? Lo vedremo compiutamente nel Capitolo 3 ma qui si può anticipare che, per avvenire, una reazione di fusione fredda sembra richiedere ben specifiche condizioni al contorno e il raggiungimento di determinate soglie di concentrazione degli elementi coinvolti. Infatti essa può avvenire esclusivamente dentro la materia condensata (ad es. una matrice di palladio), e solo dopo aver raggiunto una opportuna soglia di densità di atomi di deuterio su atomi di palladio sotto la quale il fenomeno semplicemente non avviene. Così come l'acqua continua a scaldarsi ma non bolle, cioè non cambia stato, se non raggiunge i 100°C.

Capitolo 2 – Un po' di storia

Prima di affrontare la comprensione tecnica del *come può accadere la fusione fredda* , è utile fare un passo indietro e dedicare qualche riga alla travagliata storia che ha vissuto questo fenomeno, inaspettato secondo il paradigma vigente al tempo, fin dai primi giorni della sua rivelazione pubblica. Procederò in ordine temporale, scandendo i passaggi più importanti avvenuti dalla data della presentazione pubblica fino a fine 2007. Gli ultimi sviluppi saranno invece affrontati nel *Capitolo 4*. La ricerca e l'analisi dei fatti che trovate qui è stata sviluppata dall'autore in collaborazione con Riccardo Bennati (www.overunity.it).

1989. E' il 23 marzo quando uno dei più stimati e rispettati elettrochimici inglesi, Martin Fleischmann[5] e il collega americano Stanley Pons, convocano una conferenza stampa presso (e sotto forti pressioni da parte de) l'Università dello Utah (USA) per comunicare al mondo intero di aver fatto una scoperta che prometteva di cambiare il destino energetico dell'umanità. Va notato che, nel protocollo accademico, un annuncio del genere, senza prioritaria pubblicazione scientifica, costituiva una vistosa anomalia.
In quella occasione, i due scienziati - che da anni stavano studiando sistemi di immagazzinamento di idrogeno in strutture metalliche solide, sfruttando le proprietà che hanno alcuni metalli di assorbire tale gas all'interno del proprio reticolo cristallino - annunciano di essere riusciti a ricavare una anomala e massiccia produzione di energia; e di sospettarne

---

[5] Per approfondire la carriera e la vita di M. Fleischmann:
http://en.wikipedia.org/wiki/Martin_Fleischmann

un'origine nucleare. Essi infatti ipotizzano di aver scovato un fenomeno naturale in cui una reazione nucleare (fusione tra due atomi di deuterio, a dare l'elio) riesce ad avvenire senza necessitare di elevate temperature, pur trattandosi, sempre secondo loro, di fusione. Per questo, il fenomeno sarà battezzato con il nome di *Fusione Fredda*.

Nelle cinque settimane successive all'annuncio, il mondo scientifico fu in notevole agitazione. In moltissimi, ed ovunque, si gettano a capofitto nell'impresa di replicare l'esperimento e di verificare l'eccesso di calore associato. Però, in quel momento, neppure Fleischmann & Pons hanno una comprensione chiara del fenomeno, e manca (praticamente e teoricamente) una sua accettabile riproducibilità. La difficoltà di "innesco" della reazione di fusione fredda (dipendente da condizioni chimiche e geometriche) è l'ostacolo principale nei tentativi di riproduzione dell'esperimento, nonchè di accettazione della realtà dello stesso. La scarsa riproducibilità del fenomeno diviene immediatamente l'appiglio più utilizzato da chi, sia in buona che cattiva fede, si ferma davanti alle prime difficoltà e, svanita l'euforia, sceglie deluso di non approfondire gli studi e gli esperimenti invece di ricreare attentamente le condizioni illustrate da Fleischmann e Pons (i cui esperimenti originali prevedevano periodi di caricamento del palladio di parecchi giorni), o addirittura si scaglia violentemente contro i suoi sostenitori. I report negativi che già dopo poche settimane giungono copiosi da più istituzioni (anche prestigiose) nel mondo creano e diffondono la notizia che il fenomeno sia in realtà una bufala o quanto meno un errore. Niente da fare quindi, *quasi* nessuno riesce a ritrovare questi fantomatici eccessi energetici.

Il martellamento mediatico che ne segue riesce ad indurre nell'opinione pubblica la "certezza" che la fusione fredda sia una cantonata colossale (il fiasco del secolo). All'epoca non viene compreso che il fenomeno richiede di superare una certa soglia di densità dei reagenti per avvenire; e la soglia è molto difficile da raggiungere senza avere una comprensione di ciò che accade. Pensate che Fleischmann e Pons impiegano mesi per riuscire a caricare così potentemente i metalli prima di aver riscontro degli eccessi di energia. Ai critici bastano invece poche settimane per screditare il loro lavoro di anni senza comprendere neppure lontanamente che esiste una soglia di caricamento, e che se questa non viene superata, semplicemente non accade un bel nulla!

1990. Nonostante il clima di ostilità, si svolge la prima *"International Conference on Cold Fusion" (ICCF,* Conferenza Internazionale sulla Fusione Fredda), a Salt Lake City, nello Utah (USA). La ICCF si pone come principale evento mondiale per la presentazione dei risultati sulla sperimentazione della fusione fredda. La conferenza si ripeterà in tutti gli anni a venire.

1991. L'allora Presidente degli USA George Bush, incarica il Massachusetts Institute of Technology (MIT) di Boston di replicare l'esperimento e di comunicare i risultati delle prove. Il rapporto finale che arriva sulla scrivania del Presidente, compilato e firmato del rettore del MIT John Deutch, conclude "provando" che la reazione nucleare è soltanto una "frode", screditando i molti scienziati che si sono interessati alle ricerche e sottolineando che "non è ottenuta assolutamente nessuna reazione nucleare".
Ma Eugene Mallove[6], che all'epoca era capo redattore scientifico dell'ufficio stampa del MIT, con il suo intuito e grazie alle conoscenze interne al MIT, riesce ad ottenere una copia degli appunti originali degli esperimenti eseguiti.

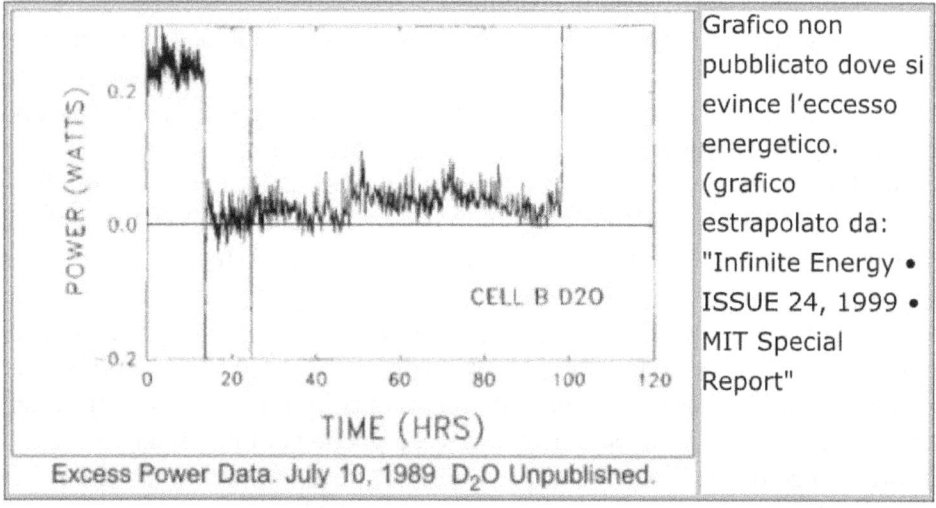

Grafico non pubblicato dove si evince l'eccesso energetico. (grafico estrapolato da: "Infinite Energy • ISSUE 24, 1999 • MIT Special Report"

Excess Power Data. July 10, 1989 D$_2$O Unpublished.

---

[6] Per approfondimenti (ENG) http://en.wikipedia.org/wiki/Eugene_Mallove

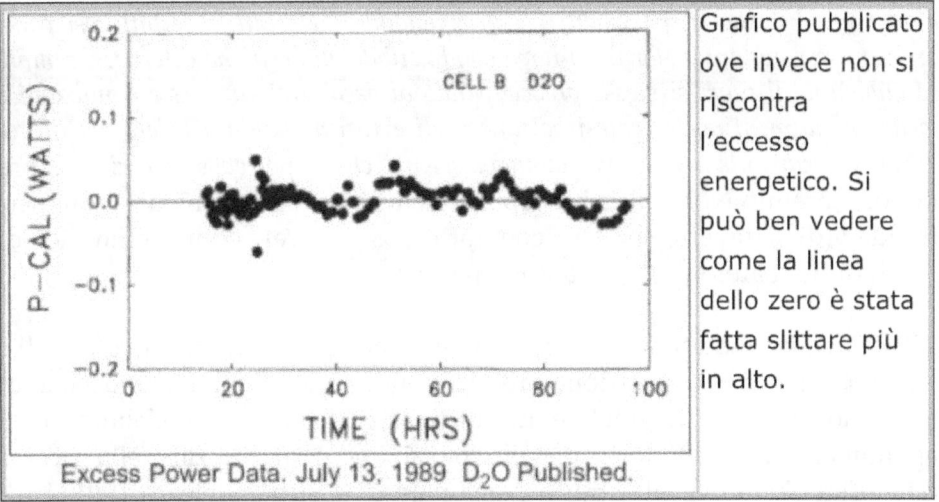

Grafico pubblicato ove invece non si riscontra l'eccesso energetico. Si può ben vedere come la linea dello zero è stata fatta slittare più in alto.

I dati da lui visionati dimostrano l'opposto, cioè che la frode è stata compiuta da chi ha voluto far risultare inconsistente la fusione fredda.
Infatti dai documenti originali si evince che:
1- La reazione produce elio in forma gassosa e calore in eccesso (dimostrazione della natura nucleare);
2- Non viene riscontrata l'emissione di nessuna radiazione, o scarto tossico e radioattivo per l'ambiente e gli esseri viventi.
Il 14 maggio 2004 Mallove, è stato ucciso a bastonate in circostanze non del tutto chiarite.

1994. David Goodstein[7], professore di fisica applicata al California Institute of Technology (Caltech) e persona non direttamente collegata alla fusione fredda, fa un punto disinteressato e cristallino della situazione in cui gravita il mondo della fusione fredda. Dichiara che *"la fusione fredda è un "argomento paria" cacciato fuori dall'istituzione scientifica. Tra la fusione fredda e la scienza "rispettabile" non c'è nessuna comunicazione. Gli articoli sulla fusione fredda non vengono quasi mai pubblicati su giornali scientifici sottoponendoli alla verifica del peer review[8] con il risultato che questi lavori non ricevono il normale scrutinio della critica che la scienza invece richiede. Dall'altro lato, siccome i fusionisti vedono se stessi come un gruppo sotto assedio, c'è poca*

---

[7] Per approfondire: http://en.wikipedia.org/wiki/David_Goodstein
[8] peer review: traducibile come "revisione paritetica" è una valutazione fatta da diversi specialisti. Per approfondire: http://it.wikipedia.org/wiki/Revisione_paritaria

autocritica interna. Esperimenti e teorie tendono ad essere accettati così come arrivano per evitare di fornire nuovo combustibile alle critiche esterne... sempre se qualcuno di fuori si stesse preoccupando di ascoltare! In queste condizioni è facile che aumentino le ipotesi balzane e gli errori andando a ledere chi invece affronta seriamente la materia e la nuova scienza che ne potrebbe scaturire". Anni dopo, il premio Nobel Brian Josephson[9] citerà nei suoi seminari la fusione fredda (di cui era, ed è, convinto sostenitore) come esempio di "incredulità patologica" per antonomasia.

1998. Pur discreditati dall'establishment accademico, nel mondo gli studi e gli esperimenti sulla fusione fredda continuano. Sparsi a macchia di leopardo su tutto il globo e in sordina, gli scienziati collaborano ed aggiungono tassello dopo tassello pezzi nuovi al puzzle della ricerca scientifica. In Italia, all'Istituto Nazionale di Fisica Nucleare (INFN) di Frascati, a seguito del lavoro di teorizzazione fisico-matematica del Prof. Giuliano Preparata[10] viene redatto il *"Protocollo innovativo per l'ipercaricamento di catodi di Palladio con Idrogeno"*[11]. Viene quindi compreso teoricamente e dimostrato sperimentalmente che il processo di caricamento del Palladio - che fino a quel momento durava settimane negli esperimenti - è uno degli elementi più critici del fenomeno, è la soglia da superare. Se il deuterio, isotopo dell'Idrogeno, non arriva alla corretta concentrazione nei confronti dell'elemento metallico ospitante (tecnicamente, ad un rapporto stechiometrico 1:1), il fenomeno di fusione non può avvenire (condizione necessaria, ma non sufficiente). Viene steso quindi un protocollo per la fase di caricamento che, attraverso una precisa procedura, ne garantisce il livello ottimale per ottenere la tanto agognata replicabilità del fenomeno.

1999. In tutto il decennio '89-'98 a livello mondiale la questione Fusione Fredda è solidamente ancorata all'accezione di bufala, ed è accantonata anche dalla comunità scientifica (almeno quella operante in ambito civile). Chiunque provi a lavorare all'argomento diviene oggetto di un duro scherno e può venire addirittura rilevato dal posto che occupa. John

---

[9] Per approfondire: http://en.wikipedia.org/wiki/Brian_David_Josephson
[10] Per approfondire: http://it.wikipedia.org/wiki/Giuliano_Preparata
[11] Paolo Marini, Vittorio Di Stefano, Francesco Celani, Antonio Spallone
http://www.progettomeg.it/all/FFMariniPprotocollo.pdf

Bockris[12] fu, ad esempio, tra coloro che pagarono questo spregevole atteggiamento dei colleghi vincendo il premio IgNobel (gioco di parole tra Ignobile e Nobel); si dice che lo stesso Preparata si vide escluso dalla lista dei candidati al Nobel (in cui comparve per due volte nella sua vita) per il suo interesse verso la Fusione Fredda. Si assiste a un fenomeno psicologico di massa che catapulta istantaneamente discredito e derisione su chiunque si accinge a lavorare o solamente nominare la parola *fusione fredda*. La questione permea talmente tanto la comunità scientifica e l'opinione pubblica che i pochi ricercatori che scelgono di non uniformarsi all'opinione comune e che vogliono vederci chiaro fino in fondo sono costretti a cambiare il nome al fenomeno fisico. I documenti scientifici relativi alla fusione fredda risalenti agli anni '90 si intitolano tutti più o meno così: "*Analisi dell'eccesso di calore nel processo di caricamento del palladio in elettrolisi di deuterossido di litio ed acqua deuterata*". In pratica: "*calorimetria della fusione fredda*".

2000. Il 24 aprile muore Giuliano Preparata, colpito da un rarissimo tumore[13], pochi mesi dopo aver scritto la prefazione del libro del fisico Roberto Germano "*Fusione Fredda: moderna storia d'inquisizione ed alchimia*" (Bibliopolis). E' stato il fisico teorico italiano a cui si deve una delle spiegazioni teoriche più consistenti sulla fusione fredda. Tale spiegazione rientra nel quadro di una teoria innovativa e potente, l'Elettrodinamica Quantistica Coerente (CQED), branca della Teoria Quantistica dei Campi, ed ha permesso di ottenere le prime soluzioni matematiche predittive della fusione fredda, consentendo la replicabilità del fenomeno e portando quindi la fusione fredda nel campo della piena scientificità.

2001. Il premio Nobel Carlo Rubbia, allora presidente dell'ENEA, decide di porre fine all'annosa diatriba sulla presunta origine dell'eccesso di calore associato agli esperimenti di caricamento di palladio con deuterio, e per questo commissiona un esperimento che serva a dimostrare o confutare definitivamente se la fusione fredda è un fenomeno di origine

---

[12] Per approfondire: http://en.wikipedia.org/wiki/John_Bockris

[13] Lo stesso rarissimo tumore aveva colpito pochi anni prima lo stesso M. Fleischmann, che operandosi è riuscito però a salvarsi. Per approfondire la strana coincidenza, si legga il libro "Il segreto delle tre pallottole" di Emilio del Giudice e Maurizio Torrealta –Edizioni Ambiente

nucleare o meno. L'implementazione dell'esperimento è affidato a un gruppo di ricercatori fra cui il Prof. Emilio Del Giudice, collega e grande amico di Giuliano Preparata, ed altri scienziati come Antonella De Ninno e Antonio Frattolillo, che già lavoravano con Preparata. Si doveva verificare negli esperimenti l'eventuale produzione di Elio-4 ed effettuare la possibile correlazione con gli eccessi di calore rilevati. Ritrovare Elio-4, impronta della fusione nucleare, avrebbe significato fugare ogni dubbio sulla natura nucleare del fenomeno.

2002. Alla fine dell'anno, il gruppo dell'ENEA arriva a produrre il *Rapporto RT/2002/41/FUS* un documento che **conferma la reale natura nucleare della fusione fredda.**
Il lavoro è seguito direttamente da Carlo Rubbia, che collabora alla stesura di un grafico e ad altri dettagli del rapporto.
Purtroppo, ed inspiegabilmente, subito dopo la pubblicazione del rapporto (che peraltro verrà anche rigettato da prestigiose riviste di fisica, e si trova oggi liberamente reperibile in Internet), Rubbia si rende irreperibile ai suoi stessi scienziati con cui ha collaborato fino al giorno prima.
La stessa direzione dell'ENEA ignora le richieste di contatto dei ricercatori. Sul sito web dell'ENEA di Frascati nella pagina dell'"Unità Fusione" compare il seguente testo: "*I risultati (positivi) delle attività relative al progetto "Nuova Energia da Idrogeno", svolte nell'ambito dell'Unità Tecnico Scientifica FUSIONE, sono stati raccolti nel rapporto tecnico ENEA RT/2002/41/FUS. Per l'anno 2003 non sono stati assegnati finanziamenti ulteriori per cui non sono previsti ulteriori sviluppi*". Infatti non arrivano altri fondi, Rubbia non si fa più sentire e addirittura si dimetterà poi dalla presidenza dell'ENEA nel 2005.
Nello stesso anno viene coniato un nuovo nome per accorpare tutti i vari e nuovi fenomeni che si stanno progressivamente scoprendo e dei quali la fusione fredda è la punta energetica dell'iceberg: "*Condensed Matter Nuclear Science*" ovvero "*Scienza Nucleare della Materia Condensata*", ove la materia condensata include solidi e liquidi.

2003. A questo punto, siamo in piena estate 2003, oltreoceano un evento scientifico cambia in qualche modo lo scenario di cui parliamo: la ICCF tenutasi a Boston. Qui, Vittorio Violante, membro del gruppo Del Giudice-De Ninno, ed altri ricercatori di istituti che hanno utilizzato i materiali messi a punto dall'Enea, presentano gli ulteriori risultati positivi raggiunti. Questi ed altri esiti consistenti, presentati da altri gruppi di prestigio internazionale, convincono alcuni accademici americani a sottoporre nuovamente la questione al Department of Energy statunitense (DOE), affinché svolga nuove verifiche. Così, esperti del DOE effettuano un'ampia analisi dei dati disponibili in letteratura, in seguito alla quale propongono un confronto dal vivo con alcuni scienziati della fusione fredda. In sostanza, un vero e proprio ripensamento, nel quale il DOE effettua un processo di revisione. Vi è la presa d'atto che la situazione di oggi è diversa da quella iniziale del 1989, e che il lavoro fatto nei quindici anni successivi dai vari laboratori di ricerca, come quello dell'ENEA, ha cambiato i termini della questione.

2004. Il confronto con gli scienziati si tiene nell'agosto 2004 a Washington. Cinque studiosi statunitensi e un solo italiano, Vittorio Violante, discutono davanti ad una commissione di qualificati referee le ricerche effettuate e i risultati ottenuti. Quindi la commissione, dopo aver valutato per alcuni mesi la documentazione raccolta, emette finalmente una "sentenza" nella quale si asserisce che circa la metà dei referee ritiene che il fenomeno è da considerarsi un effetto reale, cioè non frutto di fantasia o di cattive misure e che la materia merita di essere studiata al pari delle altre.

Parallelamente, in Italia, il 20 ottobre del 2004 il Ministero delle Attività Produttive, nella persona del dirigente Salvatore Della Corte, che per caso incappa sul sito dell'ENEA, incuriositosi, legge il rapporto 41 e vuole vederci chiaro. Convoca la Presidenza della divisione "Fusione" dell'ENEA e la Dott.ssa De Ninno per capire perché l'ENEA non dà seguito al lavoro iniziato, dato che la rilevanza del risultato è notevole. Accade una cosa strana. Infatti la direzione ENEA, a fronte di un'offerta di finanziamento, cerca di convincere il Ministero a utilizzare i fondi per altre finalità. Di fronte alla fermezza del funzionario, pur di non perdere i soldi, accetta il finanziamento di 800.000€ per proseguire gli studi sulla fusione fredda ma affida i lavori non più al gruppo Del Giudice-De Ninno, che hanno già pronto tutto il setup sperimentale e il know how completo, ma ad altri ricercatori tra cui Vittorio Violante.

2005. Grazie ad organizzazioni come *l'International Society for Condensed Matter Nuclear Science* (ISCMNS) in cui gli scienziati di tutto il mondo che lavorano sulla Fusione Fredda possono scambiarsi informazioni e divulgare i risultati raggiunti, emerge una realtà impensata. Si sviluppano innumerevoli variazioni sul tema, e si scopre che il fenomeno della fusione fredda è ottenibile con diverse metodologie e configurazioni.

Dal bombardamento diretto del palladio per sputtering[14] di ioni Deuterio o di neutroni, al processo di Gas-Loading (in cui il Deuterio è immesso in una camera contenente nanosfere di Palladio), al processo di stimolazione esterna tramite Laser Triggering (Violante), e altri sistemi in fase di test. Insomma, si sperimenta una nuova branca della scienza e un nuovo mondo si svela lentamente.

A livello comunicativo, le uniche informazioni girano sul web[15] mentre i media tradizionali ancora ignorano l'argomento. Ma in Italia si svolge la prima Conferenza Nazionale dedicata esclusivamente all'argomento Fusione Fredda. Ad aprile, a Pisa, presso la sala conferenze dell'Università di Pisa prospiciente la sede della Scuola Normale, si raccolgono oltre 200 tra scienziati, studiosi e appassionati per partecipare a questo inedito evento.

2006. Gli ultimi sviluppi del gruppo di Vittorio Violante hanno dimostrato che si è raggiunto un buon controllo, in laboratorio, del fenomeno.

Incomincia anche ad emergere un'ulteriore, interessante aspetto della faccenda: già da qualche anno, alcuni grandi gruppi industriali, oltre che Università ed Enti di ricerca pubblici, si stanno dedicando al fenomeno: ST Microelectronics, Pirelli Labs, Mitsubishi Heavy Industries, EDF (Electricitè de France), Energetics Inc., ENEL, ENEA, INFN, Università di Osaka (Giappone) questo è solo un elenco incompleto. I paesi più attivi, che fino all'anno precedente erano Italia e Giappone, stanno rischiando di vedersi rubare il know-how accumulato con tanto coraggio e determinazione nei precedenti 20 anni di fatiche "contro corrente" da paesi come la Cina, che prevede ingenti stanziamenti nel settore

---

[14] Lo **sputtering** è un processo per il quale si ha emissione di atomi, ioni o frammenti molecolari da un materiale solido detto bersaglio (*target*) bombardato con un fascio di particelle energetiche (generalmente ioni)

[15] Un archivio ufficiale di documentazione sulle L.E.N.R. si può trovare all'indirizzo http://www.lenr-canr.org/ in lingua inglese.

energetico o, ironia della sorte, dagli USA, primi e pesanti promotori della tesi della bufala.

Ma l'importante è che la verità, lentamente, sembra emergere e il silenzio totale del decennio precedente inizia a cadere. I media ufficiali incominciano ad interessarsi alla questione. A ottobre un servizio di Rainews24, ad opera del giornalista Angelo Saso, effettua un'inchiesta approfondita sullo stato dell'arte della fusione fredda. Il video è scaricabile anche online[16], sia pure a bassa qualità.

2007. Questo si può definire l'anno della gestazione. Dopo le prime divulgazioni sui media, lo svolgimento di alcune conferenze sul tema e una oramai fortissima e sempre più autorevole presenza su internet, le informazioni sull'effettivo stato dell'arte arrivano a un pubblico sempre più vasto. Si ricomincia a parlare del fenomeno e, anche se ancora serpeggiano forti critiche, il muro di scetticismo totale mostra delle crepe. In maniera diretta e indiretta, questa attenzione sprona gli scienziati ad andare avanti negli studi e il quadro teorico e il know-how sempre più solido permettono di raggiungere risultati positivi sempre più velocemente. L'anno seguente arrivano i primi vagiti: tre neonati forieri di grandi promesse per il futuro.

---

[16] L'inchiesta è scaricabile direttamente dal sito di Rainews24:
http://www.rainews24.rai.it/ran24/inchieste/video/18102006_rapporto41.wmv

Capitolo 3 – Come funziona la fusione fredda

Ora cercherò di illustrarvi nella maniera più semplice, ma anche più rigorosa possibile, come può avvenire che due nuclei fondano insieme senza richiedere (come invece prescritto dalla teoria vigente) enormi temperature ed energie.

La teoria che andrò ad esporre è basata sugli studi di Giuliano Preparata ed è quella che attualmente gode di maggior credito, sia per la sua eleganza che per i successi predittivi ottenuti negli anni.

Va anche chiarito che il fenomeno energetico della fusione fredda (o delle "reazioni nucleari a bassa energia" (LENR), più in generale) può avvenire con diverse configurazioni sperimentali, con svariati materiali e diversi approcci metodologici. La sperimentazione è in pieno fermento e quindi le strade affrontate sono le più disparate per cercare di trovare i mezzi più economici ed efficienti per ottenere l'eccesso energetico più significativo e duraturo. Qui analizzerò principalmente la versione a cella elettrolitica tipo Fleischmann e Pons (F&P), spiegando i principi scientifici che ne sono alla base e che valgono per la maggioranza dei sistemi implementati fino ad oggi.

La tecnica elettrolitica di Fleischmann e Pons

Questa tecnica si basa su una classica cella elettrolitica in cui l'elettrolita è composto da acqua pesante[14], il catodo (negativo) da un sottile filo di palladio e l'anodo (positivo) da platino (vedi immagine).

---

[14] Per acqua pesante (D_2O) si intende acqua (H_2O) dove al posto dell'idrogeno è presente il Deuterio, suo isotopo avente il nucleo composto da un protone più un neutrone.

Si alimenta la cella così composta con energia elettrica, causando la migrazione degli ioni di deuterio (D+) al polo negativo di Palladio e facendoli accumulare in copiose quantità all'interno del reticolo cristallino.

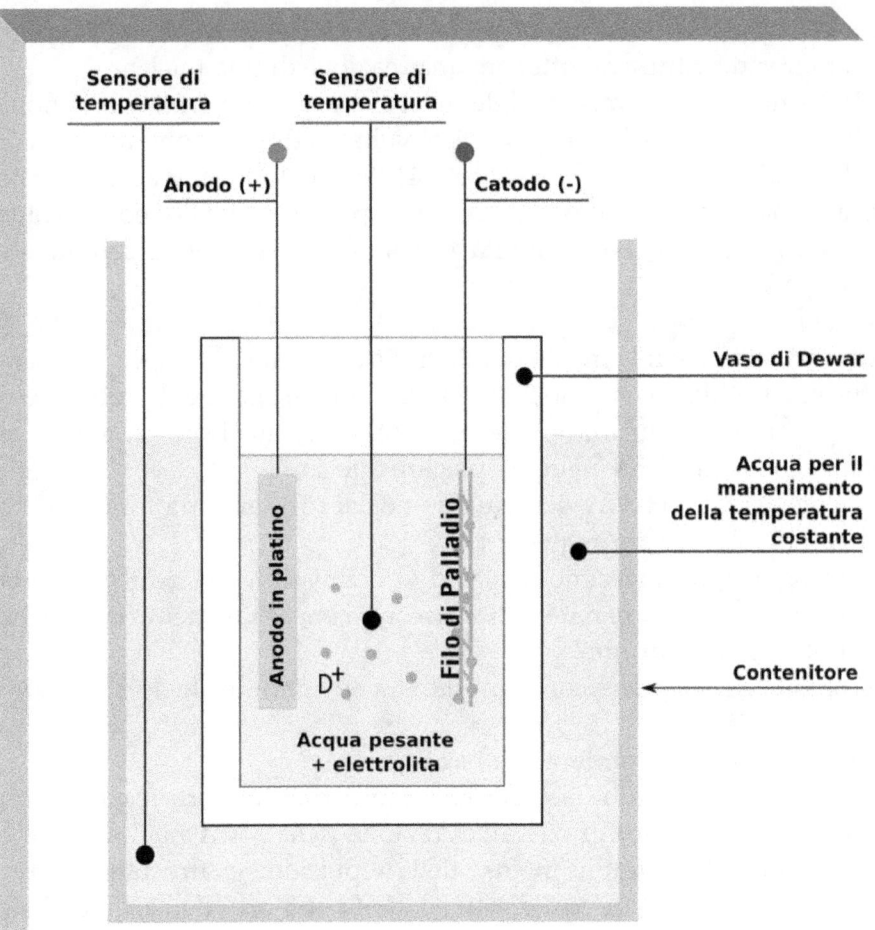

1- *schema esemplificativo della cella elettrolitica di F&P utilizzata nei primi esperimenti – immagine di Adriano Bassignana editata da Roy Virgilio*

Il palladio viene usato e preferito ad altri materiali per la sua nota proprietà di riuscire ad adsorbire elevate quantità di idrogeno proprio come fosse una spugna. Quando questo accumulo di ioni di deuterio riesce a raggiungere determinate condizioni di densità (la *soglia*), si inizia a rilevare una serie di prodotti "anomali" per una semplice elettrolisi: eccesso di calore e presenza di elio. Questo ultimo elemento in particolare è l'"impronta" della natura nucleare della reazione e ne certifica l'avvenimento.

Ma come è possibile che un'impostazione sperimentale così semplice possa portare addirittura ad ottenere una reazione di tipo nucleare?
Se escludiamo errori di misura delle energie in gioco e nella rilevazione dell'elio (come oramai effettuato svariate volte da diverse fonti autorevoli, tra cui l'ENEA con il già citato rapporto 41/2002), dobbiamo accettare che il fatto avvenga e cercare di comprendere e spiegare a livello teorico come ciò sia possibile. Una mente aperta e disinteressata farebbe certamente questo ragionamento.

Fra i diversi punti a cui la massa di critici si è appellata per negare la realtà della fusione fredda ve ne sono 2 che racchiudono il cuore del problema.
Infatti, per poter dimostrare che una reazione nucleare è avvenuta bisogna, secondo la teoria vigente, spiegare due cose:
1) Come si fanno ad avvicinare due nuclei così tanto da farli fondere con le sole energie in gioco?
2) In ogni tipo di fusione nucleare vi è emissione di neutroni. Se la fusione avviene, perché non si riscontra emissione neutronica? Che fine fanno i neutroni?
Oggi è possibile rispondere con compiutezza ad entrambe le domande.

Come fanno i nuclei a fondere con basse energie?
I nuclei (che sono costituiti da protoni, dotati di cariche elettriche positive) possono fondere tra loro grazie all'attrazione della forza nucleare che è circa un milione di volte più intensa della repulsione elettrostatica (forze elettriche), ma che agisce su distanze molto minori (dell'ordine delle dimensioni del nucleo atomico). Quindi per fondere, i due nuclei interagenti devono arrivare in intimo contatto fra loro riuscendo a superare la repulsione elettrostatica data dalla carica di segno uguale, che normalmente li mantiene a distanza.
Come abbiamo approfondito nel Capitolo 1, nel caso della fusione calda si cerca di superare questa repulsione con la forza bruta, ovvero fornendo tanta di quella energia (sottoforma di alte temperature e pressioni di confinamento) che gli atomi scontrandosi sempre più velocemente e

potentemente tra loro (aumento dell'energia cinetica) riescono a un certo punto a superare la repulsione elettrica portando i nuclei così vicini che la forza nucleare forte prevale e consente la fusione dei nuclei.

Ma si può riuscire a superare la barriera elettrostatica senza necessitare di tutta questa energia e violenza?

Per rispondere userò una metafora utilizzata spesso dal Prof. Emilio del Giudice nei suoi seminari[15].

Pensate ai nuclei di deuterio come a due fidanzati che si vogliono molto bene ma che hanno dei caratteri difficili. Litigano facilmente e si tengono a distanza, ma quando riescono ad abbracciarsi allora scatta la passione. Se noi riuscissimo a mettere in mezzo ai due fidanzati un notevole numero di amici e parenti che li attirino, li distraggano e li facciano avvicinare senza che loro si vedano e se ne accorgano, quando i due fidanzati saranno abbastanza vicini i parenti potranno, con abile mossa, togliersi di mezzo così da far trovare i due innamorati tanto vicini che non potranno fare altro che abbracciarsi e unirsi. Questa, fuor di metafora, è la tecnica - più seducente e collettiva- utilizzata dalla fusione fredda per avvenire.

Andando più nel tecnico, gli amici e i parenti incarnano le nuvole elettroniche dei reticoli metallici (come quelli del palladio) ove avviene la fusione fredda - che per questo motivo può avvenire esclusivamente nella materia condensata e non nel vuoto: in quest'ultimo non vi sono elettroni liberi!

Queste nuvole elettroniche creano delle regioni di spazio a carica negativa, dei "blob", che essendo di segno opposto, tendono ad attirare i nuclei di deuterio, facendoli avvicinare sempre più fino a che, raggiunta la soglia critica di densità, possono addirittura arrivare a far fondere una parte dei nuclei coinvolti.

Pertanto, in queste condizioni non c'è bisogno di fornire energia e innalzare le temperature per superare la barriera elettrostatica dei nuclei, ma si utilizza uno stratagemma che va ad abbassare la repulsione della barriera consentendo un più facile superamento della stessa. Si realizza una specie di catalizzatore nucleare.

Per consentire questa drastica diminuzione della repulsione elettrostatica è necessaria la formazione di questi "blob" a carica negativa, la quale richiede però un'azione coordinata, un lavoro di squadra che metta

---

[15] Vedere ad es. I video del seminario tenuto a Napoli nel 2009 a partire dal link
http://www.leconnessioniinattese.com/video.html

insieme e faccia lavorare all'unisono gli elettroni. Come si può spiegare la nascita spontanea di questo coordinamento, quindi di un sistema complesso e ordinato, a scapito di quello che potrebbe sembrare un più semplice ed ovvio "ognuno agisce per sé"?

Qui si cela il vero segreto della fusione fredda, il concetto fondamentale, tanto ostico alla maggior parte degli scienziati, che ci può portare verso una rivoluzione scientifica. Il concetto di *coerenza*.

La Coerenza

L'Elettrodinamica Quantistica Coerente (CQED), branca dell'Elettrodinamica Quantistica (QED, dall'inglese "quantum electro-dynamics"), è stata sviluppata dal Prof. Giuliano Preparata tra gli anni '80 e '90 del secolo scorso[16].

Ma cos'è la **coerenza elettrodinamica** e cosa c'entra con la fusione fredda?

In poche e semplici parole, abbiamo coerenza in un insieme di componenti quando tutti i componenti stessi operano all'unisono. Questo insieme spaziale di elementi (nel nostro caso, atomi) che lavorano all'unisono è detto "Dominio di Coerenza". In un dominio coerente non vi sono quindi spostamenti e urti casuali tra i diversi membri, bensì questi agiscono coordinatamente. Una metafora che dà un'idea del concetto può essere quella di un corpo di ballo.

Mentre in una folla qualunque (un sistema non coerente) le persone si muovono in direzioni casuali e dove l'unica forma di interazione è quasi sempre l'urto, la collisione, in un

La teoria della coerenza elettrodinamica quantistica ha a che fare con l'interazione fra campi di materia e campi elettromagnetici all'unisono, su certe frequenze portanti particolari, con certe relazioni di fase. La teoria della coerenza elettrodinamica quantistica é una particolare realizzazione dell'aspetto coerente della teoria quantistica dei campi a cui inizialmente avevamo dato il nome di "superradianza", termine coniato da Robert H. Dicke, fisico di Princeton che fu il primo a concepire questo comportamento coerente, di oscillazioni in fase, fra sistemi atomici e campi elettromagnetici, che poi ha portato al laser e ad altre scoperte. Di fatto, avrebbe dovuto chiamarla iporadianza, perché a differenza di quello che succede al laser, che lavora in uno stato eccitato, il campo elettromagnetico non viene proiettato al di fuori del sistema, come un raggio laser che esce, ma rimane intrappolato nel sistema atomico e ne garantisce un'evoluzione coerente. Per cui il campo elettromagnetico coerente e interiorizzato é il collante dei sistemi, degli individui atomici fra loro. La vita é quindi un delicato equilibrio tra coerenza e non coerenza.
- Giuliano Preparata -

---

[16] G. Preparata, QED Coherence in Matter, World Scientific, 1995

corpo di ballo (un sistema coerente) non ci sono collisioni poiché i componenti si muovono all'unisono al ritmo di una musica, un'oscillazione, che li guida, li fa risuonare.

Questo significa diminuire gli attriti (urti), i movimenti inutili (particelle con direzioni opposte) e raggiungere lo stato di minima energia del sistema (nel dominio di coerenza vi è un'organizzazione diversa e più densa rispetto alle molecole isolate).

Ma per muovere questo corpo di ballo c'è bisogno di un elemento in più, la musica, ovvero un campo elettromagnetico (campo EM) che dia il ritmo all'oscillazione e faccia muovere tutti i componenti allo stesso modo.

Tornando nel nostro catodo di palladio, gli elettroni del metallo, muovendosi coerentemente, formano delle grosse unità mesoscopiche che, operando all'unisono, consentono un'interazione mirata con i nuclei di deuterio riuscendo a portarli a intima distanza. In questo modo si permette alla forza nucleare di entrare in gioco e ottenere la fusione.

Il tutto può accadere solo alle necessarie densità relative di nuclei di deuterio/nuclei di palladio e a sufficientemente basse temperature (altrimenti l'agitazione termica tende a rompere i domini di coerenza, superando l'effetto del campo elettromagnetico che fornisce l'oscillazione coerente).

Chi dirige la musica?[17]

Da dove arriva il campo elettromagnetico che funge da musica, ovvero che fornisce l'oscillazione che permette di raggiungere e mantenere lo stato di coerenza?

Andiamo per gradi. Per avere un campo EM c'è bisogno di un fotone, che è il granulo (quanto) del campo elettromagnetico, che sia capace di eccitare gli elettroni degli atomi per permetterne l'oscillazione.

Per eccitare un elettrone, il campo EM deve avere un'energia pari a circa 12 elettronvolt. Essendo un fotone grande almeno come la lunghezza d'onda della radiazione a cui appartiene, per possedere un'energia di circa 12 elettronvolt dovrà avere una grandezza di circa 1.000 ångström (Å) [18].

---

[17] Questo paragrafo è sviluppato sulla base della relazione tenuta dal Prof. Emilio del Giudice presso la conferenza "Eppur si fonde" tenutasi a Milano il 20/11/2009. Per visionare il video: www.arcoiris.tv/modules.php?name=Flash&d_op=getit&id=12553

[18] Un ångström corrisponde a 0,1 nanometri o un cento milionesimo di centimetro.

Per cui per eccitare un atomo abbiamo bisogno di un fotone grande circa 1.000(Å).

Ma quanto è grande l'atomo che il fotone va ad eccitare? L'ordine di grandezza è di appena 1 Å, quindi una dimensione 1.000 volte inferiore al fotone che lo va ad eccitare!

Questo vuol dire che un singolo fotone non si accoppierà esclusivamente con un solo atomo ma con un numero abbastanza elevato, dato in primis dalla densità di molecole presenti nell'area spazzata dal fotone.

Possiamo vedere il fotone come un'onda del mare che, arrivata a riva, va a bagnare non solo uno ma una moltitudine di bagnanti presenti.

E non parliamo di poche molecole ma di un numero elevato. Ad es. in un gas, ove le molecole sono molto rarefatte, la distanza media fra gli atomi è di circa 36 Å (a una densità di circa $2*10^{19}$ atomi per cm^3) per cui il fotone che dovrebbe indurre la transizione in un atomo ne va a coprire circa 20.000!

Messa in luce questa interessante relazione dimensionale tra oggetto che eccita (molto grande) e oggetto che deve essere eccitato (molto piccolo), cerchiamo ora di capire da dove può arrivare questo fotone. In genere vi sono due possibilità: o dall'ambiente circostante o dal vuoto quantistico. Ammettiamo che un fotone emerga dalle fluttuazioni del vuoto quantistico. Entra in contatto con un atomo e lo eccita (evento di bassa probabilità ma che accade normalmente). L'atomo rimane in questa condizione per il tempo di vita media dello stato eccitato e poi restituisce il fotone all'esterno.

Che fine fa questo fotone?

Ci sono 2 possibilità: o ritorna da dove è venuto, nel vuoto quantistico, oppure va ad eccitare un secondo atomo. Quale delle due strade viene effettivamente percorsa dipende dalla densità degli atomi che ci sono a disposizione in quell'area. Quindi se dentro il volume del fotone (i 1.000Å, al cubo) si trova un numero molto elevato di atomi (ad es. 200.000) questo fotone passerà, eccitandoli, da un atomo all'altro, rimanendo "intrappolato" in quella zona di materia per un tempo indefinito. La probabilità che riesca a ritornare al vuoto quantistico è bassissima (a determinate densità di materia). E' successo un fatto discontinuo, il vuoto quantistico ha perso un fotone e la materia lo ha acquistato.

A questo punto ci troviamo con un gruppo di atomi, disposti in un volume pari alla lunghezza d'onda del campo EM, che sono eccitati a turno dal passaggio del fotone e iniziano quindi a oscillare in maniera ordinata fra loro.

Facciamo un ulteriore passo avanti. Infatti il vuoto non emette un unico fotone ma continua a fornire fotoni che man mano vengono intrappolati facendo crescere il campo EM fino a formarne uno abbastanza intenso da attirare, per risonanza[19], le altre particelle che oscillano con frequenze simili e che sono nei dintorni. Grazie alla risonanza, alimentata dal campo EM, si va a creare una specie di pompa aspirante che attira e avvicina le molecole seguendo la seguente legge fisica: una particella che oscilla con una frequenza f è attratta da un campo EM che oscilla con frequenza f_0 con una forza che è inversamente proporzionale alla differenza di f-f_0. Ovvero, più le frequenze del campo EM e delle particelle tendono a essere simili più la forza di attrazione diventa grande e più particelle vengono avvicinate e "addensate" creando un corpo che oscilla all'unisono: ecco nato il dominio di coerenza.

La pompa smette di attirare altre particelle solo quando si è raggiunta la massima densità possibile per cui quando queste arrivano ad essere in intimo contatto tra di loro.

Questi principi scientifici, - tutti riconosciuti e verificati, e che sottendono alle transizioni di fase della materia - si esprimono in sequenza nella particolare configurazione esistente nella cella a fusione fredda, e rendono possibile la realizzazione di questo incredibile fenomeno di fusione nucleare a bassa energia.

Faccio presente che, seppur i concetti di coerenza non sono ancora familiari alla maggior parte degli scienziati, essi sono utilizzati da anni e quotidianamente in varie branche dell'elettrodinamica fra cui l'ottica quantistica[20] e nella progettazione delle apparecchiature elettromedicali basate sulla Ionorisonanza Ciclotronica[21]. Inoltre nel 2005 gli studi sulla Coerenza Ottica sono valsi il nobel allo statunitense Roy Jay Glauber[22]. Quindi la materia è conosciuta, accettata e utilizzata anche se ancora solo in rami specialistici.

---

[19] Per approfondire: http://it.wikipedia.org/wiki/Risonanza_(fisica)
[20] Vedere ad es.:
http://en.wikipedia.org/wiki/Coherent_state#Coherent_states_in_quantum_optics
[21] Vedere ad es. http://www.seqex.it/download/origini.pdf
[22] Per approfondire: http://en.wikipedia.org/wiki/Roy_J._Glauber

Dove sono i neutroni?
Con queste conoscenze sarà molto semplice rispondere alla seconda critica. Come accennato in precedenza, sono noti tre isotopi dell' idrogeno: l' idrogeno propriamente detto (H), il deuterio (D) e il trizio (T). Il nucleo di tutti e tre contiene un protone, il che li caratterizza come forme dell' elemento idrogeno. Il nucleo di deuterio contiene inoltre un neutrone, mentre quello del trizio due neutroni.
Fatta questa breve premessa, rientriamo nel nostro reticolo cristallino di palladio dove troviamo la situazione di affollamento e coerenza descritta fin'ora. Ecco che vediamo due nuclei di deuterio che fondono tra loro. Cosa avviene?

Quando 2 nuclei di deuterio fondono, danno origine a un nucleo di isotopo dell'elio altamente instabile chiamato elio-4. Questo è formato appunto da 4 nucleoni (2 neutroni +2 protoni) stracarichi di energia, che nel vuoto tendono a decadere e spezzarsi velocemente in (vedi immagine successiva):

1) elio-3 + emissione di 1 neutrone (probabilità circa 50%)
2) trizio + emissione di 1 protone (probabilità circa 50%).

In realtà vi è un *"Minority Report"*, una **terza possibilità** che normalmente (cioè nelle condizioni di non coerenza, nel vuoto) risulta rarissima (circa una volta su un milione):
3) l'elio-4 non si spacca ma cede l'energia in eccesso attraverso l'emissione di un raggio gamma (fotone ad alta energia).

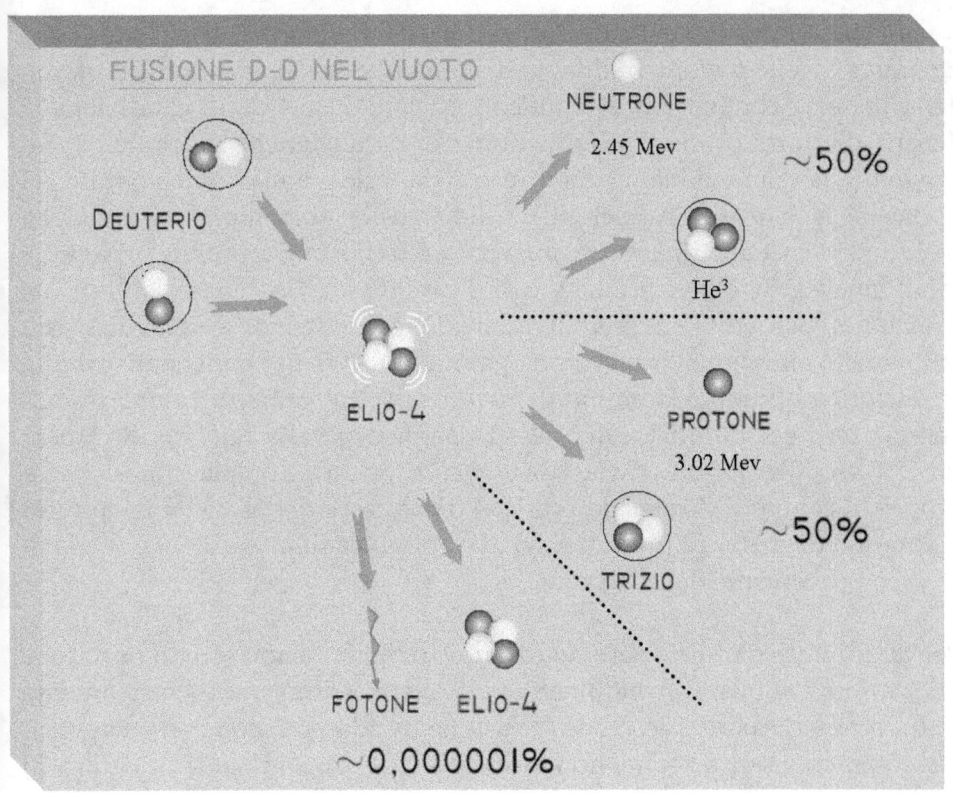

Quest'ultima possibilità si verifica molto di rado poiché, per rimanere intero, l'atomo di elio-4 deve riuscire a cedere l'energia di eccitazione in eccesso in tempi ristrettissimi (dell'ordine di 10^{-21} secondi). Questa condizione temporale così stringente non consente al nucleo di elio di liberarsi della sua energia tramite uno scambio termico poiché questo avviene con tempi incomparabilmente più lunghi di quelli richiesti dai meccanismi in gioco. Lo scambio verso l'ambiente dell'energia di eccitazione del nucleo di elio-4 (attraverso la reazione 3), richiede che sussista l'emissione di un fotone gamma per ogni evento di fusione di nuclei di deuterio, escludendo in pari tempo l'emissione di neutroni o protoni provenienti dai due precedenti meccanismi (reazioni 1 e 2). Quindi ci si dovrebbe aspettare un certo rateo di emissioni gamma da questi esperimenti. Tali radiazioni però non vengono rilevate.

Il perché ciò avvenga è insito proprio nelle condizioni in cui si verifica il fenomeno. Nella fusione fredda, le fusioni di nuclei avvengono all'interno della materia condensata, nei reticoli cristallini. In queste condizioni la densità di atomi presenti è molto superiore a quella che si verifica in un plasma (che come abbiamo detto è un gas caldo ionizzato costituito da particelle isolate e non coerenti). Tale densità aumenta il valore della cosiddetta "costante di accoppiamento" (vedi box nella prossima pagina), fra il nucleo di elio-4 eccitato e il Dominio di Coerenza del reticolo cristallino, per cui l'energia di eccitazione, invece di essere dissipata attraverso l'emissione di un fotone gamma (in 10^{-21} sec.), viene distribuita al reticolo e quindi al dominio di coerenza sotto forma di calore, quindi energia termica, quindi campo elettromagnetico nella regione infrarossa (in 10^{-23} sec). Per tutto ciò la strada elettromagnetica è quella preferita ed è proprio il campo EM che si fa "carico" di trasportare e distribuire su tutto il dominio di coerenza (quindi migliaia e migliaia di molecole) l'energia in eccesso proveniente dalla fusione.

Per tanto, invece di emettere neutroni o trizio, la fusione fredda produce Elio, un gas nobile non inquinante, ed energia dissipata esclusivamente sotto forma di calore. Ciò rende la fusione fredda un fenomeno energetico assolutamente senza scorie, non radioattivo (senza emissione di neutroni) e pulito.

Approfondimento su costante di accoppiamento
raggi gamma-elio4

Il canale preferenziale su cui avviene la fusione dei nuclei di deuterio nel palladio è quello relativo alla formazione di un nucleo di elio-4 eccitato. Questo nucleo di elio-4 eccitato si ritrova con 23,8 MeV di energia da smaltire. Se la sua formazione avviene nel vuoto, tale nucleo in 10^{-21} secondi, una volta su un milione, invece di emettere un protone o un neutrone, emette un fotone gamma da 23,8 MeV.

D + D ----> He$_4$ + γ

Se però la sua formazione avviene all'interno del reticolo del palladio (e non nel vuoto) in cui sussistono domini di coerenza elettronici con relativa folla di campi elettromagnetici allora il nucleo di elio-4 eccitato dissipa questo surplus di energia di 23,8 MeV verso questi campi "prima" di avere il tempo di dissiparlo attraverso l'emissione del fotone gamma. Questo comportamento si differenzia dal comportamento "nel vuoto" per una questione di costanti di accoppiamento.

Il prof. Del Giudice spiega che la velocità di scambio di energia fra campi dipende dalla costante di accoppiamento dei suddetti campi. Tale costante, in presenza di N componenti emittenti, si moltiplica per √N ed ecco perché, in presenza di un reticolo come quello del palladio NON c'è emissione di fotone gamma, ma distribuzione fra i campi elettromagnetici del reticolo che dissipano in calore tale energia. Da calcoli fatti da Preparata (vedi atti della ICCF 1) viene fuori che i tempi di scambio di energia fra i campi elettromagnetici e il nucleo di elio-4 eccitato sono dell'ordine dei 10^{-23} secondi, mentre l'emissione di un gamma richiede 10^{-21} secondi: un tempo di cento volte superiore che non dà il tempo al gamma di venir emesso.

Una ricetta

Per chiudere il capitolo vi lascio con un grafico che riassume alcune caratteristiche fondamentali per l'ottenimento della fusione fredda in apparati del tipo FP.

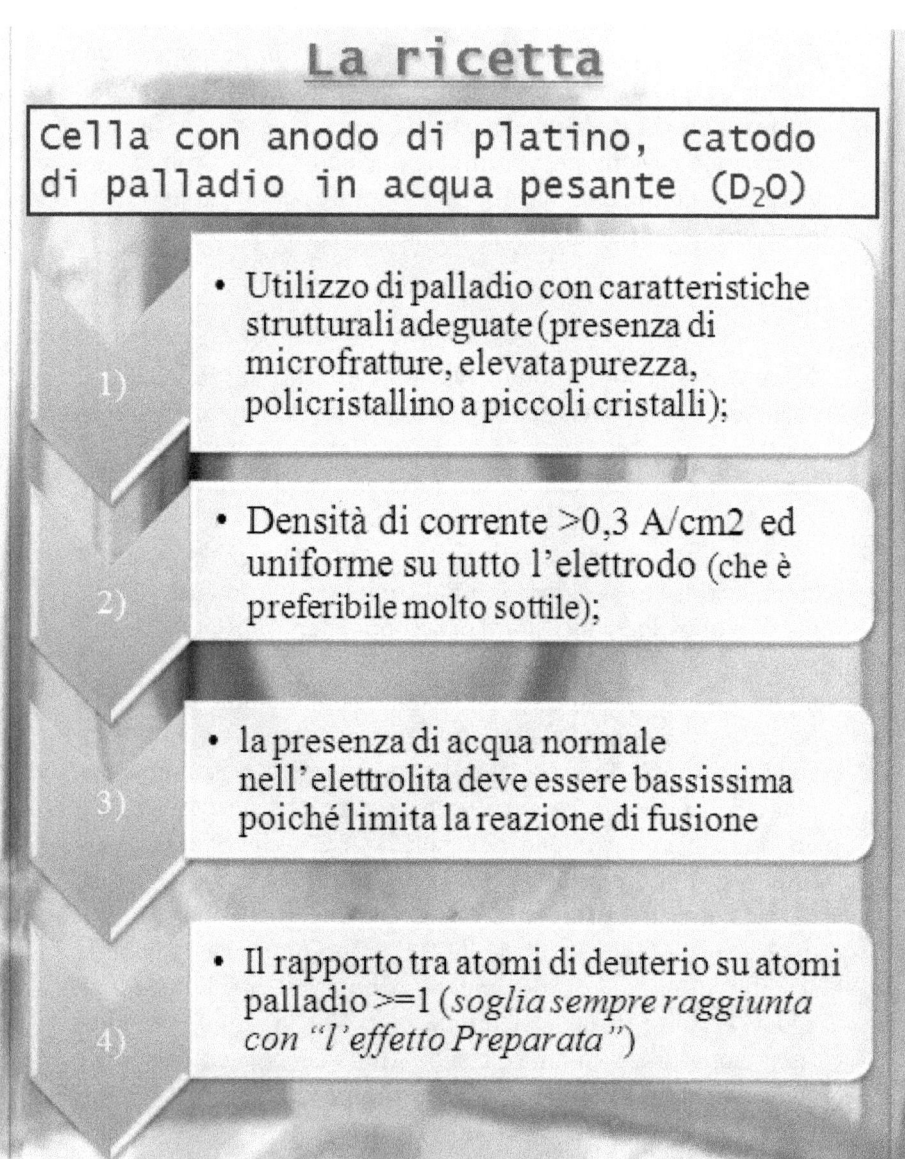

La ricetta

Cella con anodo di platino, catodo di palladio in acqua pesante (D$_2$O)

1) • Utilizzo di palladio con caratteristiche strutturali adeguate (presenza di microfratture, elevata purezza, policristallino a piccoli cristalli);

2) • Densità di corrente >0,3 A/cm2 ed uniforme su tutto l'elettrodo (che è preferibile molto sottile);

3) • la presenza di acqua normale nell'elettrolita deve essere bassissima poiché limita la reazione di fusione

4) • Il rapporto tra atomi di deuterio su atomi palladio >=1 (*soglia sempre raggiunta con "l'effetto Preparata"*)

Cap. 4 - Le energie in gioco

Dopo aver analizzato le basi scientifiche e aver compreso, anche se in maniera semplicistica, la concatenazione di eventi che rendono possibile la fusione di nuclei a bassa energia, cerchiamo ora di capire se questo effetto può davvero essere sfruttato per ottenere energia pulita, in che quantità e se ad un prezzo concorrenziale a quello di mercato.

Ci troviamo di fronte solo a una mera curiosità scientifica o vi sono le potenzialità per creare una nuova fonte pulita di energia sfruttabile?

Maggiore efficienza = minori costi?

La risposta è semplice e complessa al tempo stesso. Come abbiamo visto nel Capitolo 1 qualsiasi tipo di reazione nucleare è estremamente più efficiente di qualsiasi tipo di reazione chimica, tipologia di reazione su cui si basa la pressoché totalità della produzione energetica odierna.

Il petrolio, il gas naturale e la biomassa vengono convertiti in energia tramite combustione o, quando va bene, tramite pirolisi, reazioni sempre di tipo chimico che possono permettere il raggiungimento di basse densità energetiche, oltre a produrre prodotti di scarto per lo più inquinanti.

Però la semplicità di estrazione dell'energia da questi materiali e la loro relativa abbondanza (almeno fino ai giorni nostri) ha permesso un rapido e conveniente sviluppo di tecnologie atte allo sfruttamento energetico su base chimica.

L'utilizzo di energia nucleare come fonte di energia arriva solo a metà del secolo scorso. La prima centrale nucleare a fissione fu quella di Calder Hall, a Sellafield in Inghilterra, che iniziò a lavorare nel 1956 con una potenza di 50 MW. La fissione nucleare, pur non essendo efficiente come la fusione nucleare (vedi Capitolo 1) è comunque estremamente più efficiente di qualsiasi reazione chimica. Eppure le difficoltà e la pericolosità dell'estrazione energetica tramite fissione sono così elevate che il costo finale dell'energia, ottenuta tramite questa tecnologia, risulta essere più elevato[1] del costo di estrazione per via chimica ad es. dal carbone.

Senza contare che un incidente di medie o grosse proporzioni potrebbe causare addirittura la fine della vita sul pianeta Terra. Un rischio che, seppur poco probabile (ma non impossibile!) non concede spazi ragionevoli per l'utilizzo di questa tecnologia. La fissione è stato un primo passo, che va intelligentemente sorpassato e lasciato alle spalle.

Per cui, tornando al concetto iniziale, anche se in realtà le quantità di materiale necessario a produrre un kW di energia sono estremamente inferiori nel nucleare a fissione rispetto a qualsivoglia reazione chimica, constatiamo che le infrastrutture e tecnologie necessarie, le scorie prodotte e i pericoli conseguenti, richiedono costi di gestione tanto elevati che in fin dei conti lo sfruttamento nucleare diviene anti-economico (e anti-biotico). Inoltre, non scordiamolo, anche questa fonte energetica è destinata all'esaurimento poiché basata su materiali non rinnovabili quali l'uranio. Questi tempi sono paragonabili a quelli del gas naturale. Quindi non si tratta in ogni caso di una soluzione lungimirante.

Anche la fusione fredda ricade in questa complicazione tecnologica e infrastrutturale?
La risposta fortunatamente è NO.

Come abbiamo visto, la fusione fredda richiede per avvenire una configurazione semplice: gli apparati necessari possono occupare lo spazio che richiede un personal computer. Il confronto con una centrale a fissione è imbarazzante. La fusione fredda non necessita di materiali radioattivi, non necessita di grandi infrastrutture, non necessita di enormi

---

[1] Internalizzando i costi necessari allo smaltimento e messa in sicurezza delle scorie radioattive e alla dismissione della centrale nucleare a fine vita, il costo per kiloWatt del nucleare a fissione è sensibilmente e inconfutabilmente più alto di quello di qualsiasi altra fonte fossile o biomassa. Inoltre ad oggi NON ESISTE alcun metodo di eliminazione definitivo delle scorie radioattive.

quantità di acqua, non emette scorie che devono essere trattate, non emette sostanze inquinanti, esplosive o pericolose in alcun modo.

Inoltre i materiali necessari alla sua produzione, pur essendo oggi composti in parte da elementi rari e/o costosi quali il palladio o l'acqua pesante, possono sostanzialmente essere sostituiti da altri elementi quali il nichel o altri metalli di transizione, o essere addirittura sviluppati ad hoc per es. con le nanotecnologie, in modo da riprodurre le caratteristiche necessarie degli elementi naturali utilizzati oggi. La fase di ingegnerizzazione giocherà un ruolo fondamentale in questa direzione ma le premesse sono buone e il costo per kW da fusione fredda si può ipotizzare assolutamente più economico di quello odierno delle fonti fossili. Ma scenderemo più nel dettaglio poco più avanti.

Inoltre il futuro degli apparati a fusione fredda non sembra proprio viaggiare nella direzione della centralizzazione e la creazione di grandi impianti di produzione. La strada va piuttosto verso la realizzazione di pile che potranno essere della grandezza adatta ad alimentare un appartamento, un ospedale o un automobile. Quindi una produzione diffusa, distribuita sul territorio e ottenuta dove serve eliminando anche gli sprechi, i problemi e gli impatti di tutta quella che è la trasmissione a grandi distanze dell'energia. Niente più elettrodotti che tagliano montagne, colline e città portando inquinamento elettromagnetico e deturpando il paesaggio.

Ovviamente oggi non esiste ancora una dimensione standard e neppure una configurazione o un elenco di materiali che possono essere ritenuti assolutamente necessari. Ma di sicuro la ricerca va nella direzione della maggiore semplicità, efficienza, flessibilità, sicurezza e durata.

Vediamo comunque a che punto siamo già oggi, analizzando in particolare le potenzialità energetiche.

Per fare ciò, riprenderò ad andare in ordine temporale completando anche il quadro storico iniziato nel Capitolo 2

Anni '90: il primo prototipo commerciale

Era il 1995, ancora non erano chiari i fondamenti scientifici che permettevano la replicabilità della fusione a bassa energia quando un imprenditore statunitense fonda nel Texas la CETI Inc. E' James A. Patterson, un inventore che sviluppava da più di 40 anni invenzioni e brevetti in campo chimico e fisico. In pochi anni è riuscito a mettere a punto una cella composta da un cilindro di 10 cm di altezza per 2,5 di diametro al cui interno sono inserite un migliaio di sferette di plastica di 1 mm di diametro ricoperte da strati sottilissimi di nichel e palladio. Queste formano il catodo della cella elettrolitica. L'anodo è costituito da titanio e l'elettrolita è a base di acqua normale con disciolto del solfato di litio (Li_2SO_4).

Con questa cella Patterson ha realizzato nel 1995 una dimostrazione pubblica ove con una alimentazione elettrica variabile tra 0,1 e 1,5 Watt ha ottenuto in uscita una potenza termica variabile tra 450 e 1.300 watt!

Una cella molto simile, costruita in più esemplari (e brevettata), è stata proposta a diversi laboratori di ricerca per la conferma imparziale dei risultati. La cella promette 5 Watt elettrici in uscita contro 1,5 in ingresso, un aumento di potenza che rende sfruttabile la cella anche sotto il profilo commerciale.

La cella viene effettivamente vagliata da alcuni laboratori e molti confermano i significativi eccessi energetici.

Perché allora non abbiamo tutti delle celle di Patterson per produrre energia?

Purtroppo la cella in questa configurazione soffriva di diversi problemi, i cui principali erano i seguenti:

1- La cella di Patterson. Circa al centro si possono osservare le microsfere brevettate

1. I sottilissimi strati metallici che ricoprivano le sferette di Patterson dopo alcune ore di funzionamento si rovinavano e ponevano fine alla reazione e agli eccessi energetici.

2. La realizzazione degli strati metallici era molto complessa e necessitava di lavorazioni di galvanotecnica molto complesse e delicate.

Per queste 2 principali motivazioni tecniche la configurazione a sferette è stata in parte accantonata dallo stesso Patterson negli anni 2000 per concentrarsi su una nuova soluzione a tubi sottili.

Purtroppo con la morte dell'anziano Patterson avvenuta l'11 febbraio 2008 i lavori di sviluppo si sono pressoché fermati.

Comunque, al di la della mancata realizzazione di un prodotto così affinato da poter essere commercializzato come generatore di energia pulita, Patterson ha avuto l'importante intuizione di aprire e testare una strada alternativa all'utilizzo della classica e costosa coppia palladio-deuterio, ottenendo il primo concreto successo nell'utilizzo di semplice idrogeno accoppiato al più economico e abbondante nichel per accedere alle potenzialità della fusione nucleare a bassa energia[2].

2008. A parte la cella di Patterson, fino a metà degli anni 2000, i prototipi dei sistemi a fusione fredda non percorrono la strada dell'ingegnerizzazione o si pongono come obiettivo la realizzazione di prototipi commerciali. Il fine, giustamente, è quello di inquadrare meglio il fenomeno, portare la replicabilità a livelli pressoché costanti e comprendere i meccanismi base di funzionamento.

Ma il 2008 segna una svolta in questa direzione e diversi ricercatori cominciano a concentrarsi sulla fase di ingegnerizzazione pur seguendo la strada obbligata dell'affinamento dei prototipi e dell'analisi dei risultati. In particolare i team di Yoshiaki Arata (Giappone), quelli di Francesco Celani (Frascati) e della coppia di professori Francesco Piantelli e Sergio Focardi (Siena-Bologna), mettono in secondo piano gli aspetti teorici per affinare i risultati pratici che man mano ottengono, con lo scopo di creare un primo "reattore" che sviluppi energia per essere sfruttata in applicazioni pratiche.

Diamo un occhiata più approfondita ai risultati maggiormente avanzati e promettenti di questi gruppi.

---

[2] Per approfondimenti sulla cella di Patterson, brevetti relativi e la vita di James Patterson vedere il cap. V del libro "Fusione Fredda Moderna storia d'inquisizione e d'alchimia" di Roberto Germano, ed. Bibliopolis – si può inoltre visionare lo speciale sulla cella patterson realizzato dalla TV "abc" andato in onda nel 1996 in USA, sul canale youtube di EnergeticAmbiente a partire dal link:
http://www.youtube.com/user/energeticambiente#p/a/u/1/LjJnx-k7-7A

22 maggio 2008: Arata phenomena

In Italia la notizia viene riportata da alcuni quotidiani nazionali. Il Sole24 ore titola: "Nucleare, la fusione fredda funziona"[3] riportando il successo dell'esperimento pubblico di Yoshiaki Arata eseguito presso l'università di Osaka in Giappone di fronte a un pubblico di circa 60 tra scienziati e giornalisti.

L'esperimento consiste in una cella, senza alimentazione elettrica esterna e senza elettrolita (quindi una configurazione "asciutta" basata sul caricamento del metallo con gas) ove viene immesso deuterio ad alta pressione e fatto reagire (non chimicamente, ma per via nucleare) con una matrice speciale di ossido di zirconio e palladio.

Più approfonditamente, il protocollo del test seguito è stato:

- 1 contenitore in acciaio a pressione, posto all'interno di un calorimetro e collegato, per mezzo di una tubazione, ad uno spettrometro di massa ad altissima risoluzione (necessario per dimostrare l'eventuale presenza di elio-4 residuo della reazione di fusione),

- 7 grammi di nano-particelle di palladio disperse in una matrice di ossido di zirconio (35% palladio, 65% zirconio), complesso studiato e preparato ad hoc dal laboratorio di Arata.

- Idrogeno alla pressione di 50 atmosfere è stato quindi iniettato nel contenitore di acciaio. Questa fase è servita da "bianco" ovvero a dimostrare che immettendo semplice idrogeno non si ottiene ne l'eccesso di calore e neppure l'emissione di elio. E così è stato. Per cui dopo 16 minuti il recipiente è stato degassato e nuovamente riempito, ma questa volta con

- deuterio gassoso sempre a 50 atmosfere. A questo punto vi è stato un picco termico dovuto alla idratazione dei metalli (picco avuto anche col caricamento a idrogeno) ma questa volta il calore non è andato via in breve tempo ma è continuato in modo costante, tanto da permettere il funzionamento di un motore termico a combustione esterna (ciclo Stirling). Il funzionamento è proseguito per 140 minuti, in modo da poter accumulare nel sistema una sufficiente quantità di elio, poi stoppato forzosamente per misurare il gas presente nel contenitore. Lo

---

[3] Si può leggere l'intero articolo su
http://www.ilsole24ore.com/art/SoleOnLine4/Tecnologia e Business/2008/05/nucleare-fusione-fredda.shtml?uuid=d215abee-2803-11dd-9bec-00000e25108c&DocRulesView=Libero

spettrometro di massa ha rilevato netta presenza di elio (mescolato al deuterio), firma inconfutabile che il calore prodotto era dovuto ad una reazione termonucleare. L'energia prodotta è stata di circa di 100.000 Joule (circa 30 watt), discreta quantità considerando il modesto peso della matrice nanometrica (7 grammi).

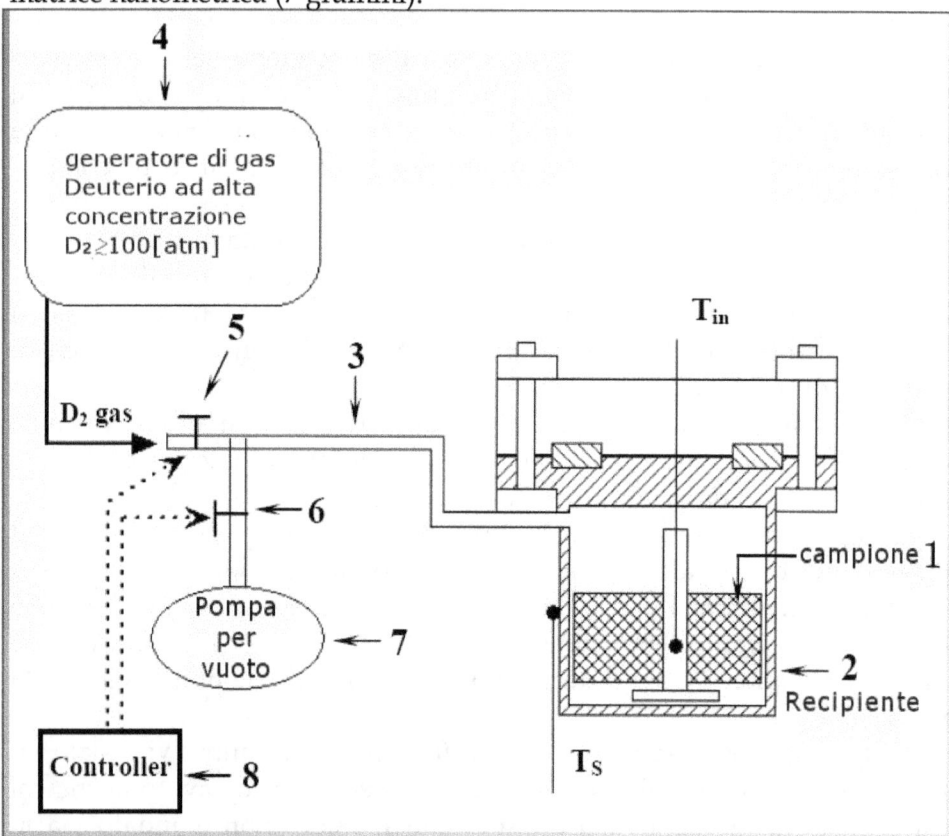

2- Schema del sistema sperimentale del prof. Arata - 1: il campione di palladio/zirconio; 2: il recipiente di acciaio; 3: tubo in acciaio; 4: Il combustibile del reattore (deuterio); 5 e 6: valvole; 7: Pompa per fare il vuoto; 8: Il controllore delle valvole e pompa

Durante tutto il periodo dell'esperimento gli appositi rilevatori di radiazioni, non hanno evidenziato nessuna emissione radioattiva.[4]
I due punti più critici dell'esperimento, anche in vista di un prodotto commerciale, a detta dello stesso Arata, sono riconducibili 1) al problema

---

[4] Il report ufficiale dell'esperimento è scaricabile da
http://www.progettomeg.it/all/arata_2008.pdf

dell'accumulo di elio che "avvelena" la reazione (e va quindi disperso subito nell'ambiente), e 2) alla necessità di ricercare un materiale meno costoso e più abbondante del palladio per un utilizzo su larga scala.

Un altro aspetto da tenere in considerazione, in un contesto di scelta del miglior apparato commercializzabile, è il basso rendimento di questo sistema rispetto a quello elettrolitico alla F&P. Infatti attualmente il Team Arata riesce ad ottenere una potenza specifica di solo pochi Watt per grammo di palladio. Gli sforzi futuri vanno quindi diretti per superare questo ostacolo e aumentare i tempi di funzionamento della "pila" che, comunque, già attualmente in diversi test hanno superato le 50 ore di funzionamento continuo senza alcuna alimentazione di energia.

Estate 2008: Italia a tutta potenza

Viene presentato sia presso l'ICCF 14[5] (tenutosi a Washington DC dal 10 al 15 agosto) che a Genova presso il 94° Congresso Nazionale della Società Italiana di Fisica (tenutosi dal 22 al 26 settembre) uno dei più interessanti risultati della ricerca sugli eccessi energetici dell'accoppiata deuterio/palladio.

Il lavoro portato avanti dal team guidato dal Dr. Francesco Celani dell'INFN-LNF di Frascati (che vede al suo interno collaboratori legati a realtà industriali quali la STMicroelectronics, la Pirelli Labs e la Orim S.p.a.), si è concentrato sulla possibilità di aumentare le energie in gioco nei sistemi a caricamento di palladio con gas deuterio.

La sperimentazione è stata convogliata nella ricerca di una strada ad alta riproducibilità per conseguire buoni eccessi energetici (maggiori di 100 W/g di Palladio) ad alte temperature (superiori ad almeno 200°C).

Il metodo utilizzato si è basato principalmente su tre accorgimenti:

In una camera con atmosfera di deuterio gassoso

1) Si sono utilizzate alte correnti per ottenere elettromigrazione;
2) Si sono utilizzate ampie cadute di tensione lungo il filo di palladio;
3) Si è rivestita la superficie del sottile (circa 50 micron) e lungo (> 50cm) filo di palladio con opportuni nano-materiali.

---

[5] Il sito ufficiale: http://www.iccf-14.org/

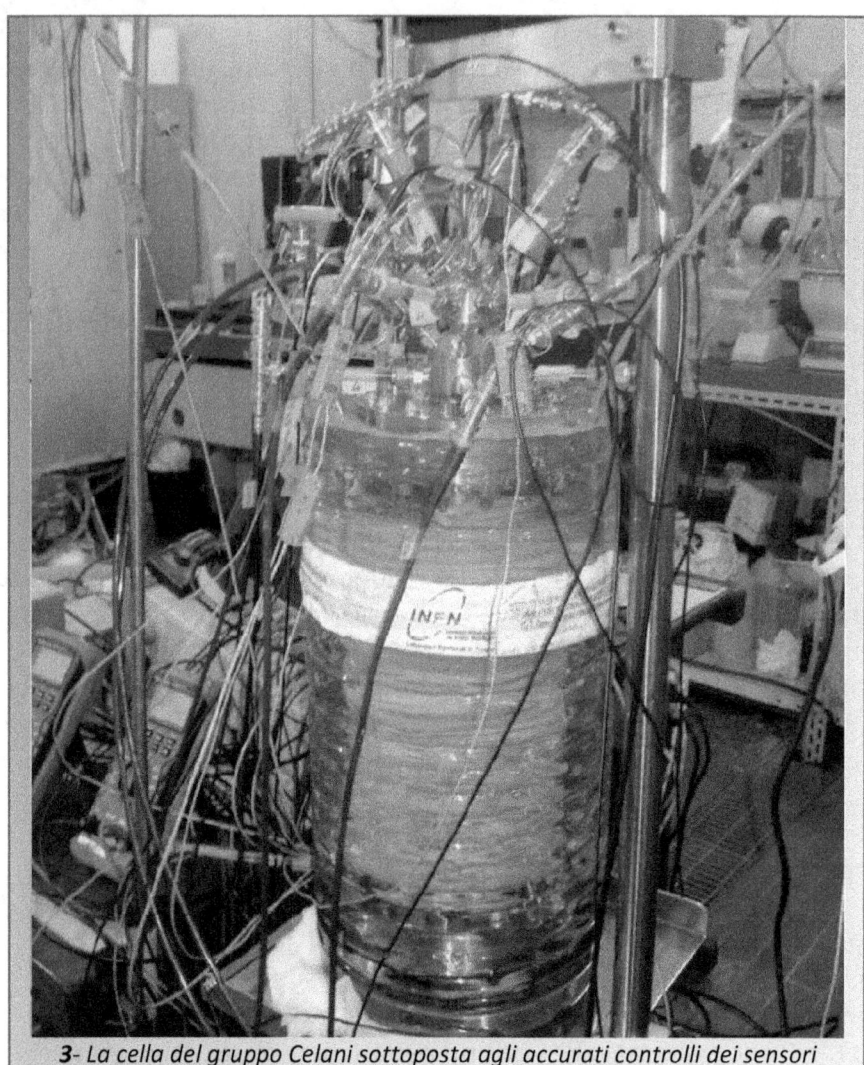

3- La cella del gruppo Celani sottoposta agli accurati controlli dei sensori

Se i punti non sembrano a prima vista soluzioni originali o innovative (come abbiamo appena visto, anche Arata nel suo esperimento ha utilizzato rivestimenti in nano particelle e deuterio gassoso) le metodologie di lavoro messe a punto dal gruppo di Celani risultano vincenti poiché a differenza di tutti gli esperimenti antecedenti, la deposizione delle nano particelle avviene in maniera controllata e non casuale come permettevano i metodi fino a questo punto vagliati.

Inoltre l'utilizzo delle cadute di tensione riesce ad aumentare significativamente il caricamento del palladio (il rapporto D/Pd - in accordo con le teorie di G. Preparata).

L'abbandono della cella elettrolitica consente di non far deporre sulla superficie del filo varie impurità che possono essere presenti nell'acqua e lavorare a temperature decisamente superiori ai 100°C (temperatura che l'acqua non supera).

In queste condizioni i risultati raggiunti dal gruppo di Celani sono positivi (si ritrovano gli eccessi energetici), ripetibili e, soprattutto, superano il limite di densità energetica di pochi watt per grammo di palladio ottenuto dal Prof. Arata.

I valori, con questa configurazione, si attestano stabilmente a oltre 400W/g di palladio lavorando a temperature di 400-500 °C e con durate di funzionamento di alcuni giorni.[6]

Il lavoro di ricerca ed affinamento del Prof. Celani continua tutt'oggi ed è una delle strade più promettenti per una prossima ingegnerizzazione del fenomeno.

2009: Cold Fusion is Hot Again!

Hanno atteso il 23 marzo, ventesimo anniversario della prima dichiarazione effettuata da Fleischmann e Pons, per riproporre al mondo un nuovo risultato positivo a riprova della fusione fredda. Non sono ricercatori sprovveduti e squattrinati ma scienziati del potente Space and Naval Warfare Systems Center (SPAWAR) di San Diego.

Dopo lunga sperimentazione e la messa a punto di un sistema adeguato, i ricercatori sono riusciti a evidenziare l'emissione, dalla loro cella, di

---

6 Per approfondire si possono leggere i due documenti seguenti: La presentazione tenuta alla Società Italiana di Fisica 2008: http://www.energeticambiente.it/ea/bigfiles/celaniSIF2008.pdf; e la presentazione tenuta all'ICCF15 di Roma nel 2009: http://iccf15.frascati.enea.it/ICCF15-PRESENTATIONS/S4_O3_Celani.pdf

neutroni ad alta energia[7] confermando l'avvenimento di reazioni nucleari avvenute a bassa energia.

Questa scoperta sembra in parte contraddire la spiegazione scientifica che vi ho illustrato nel Capitolo 3 (il "minority report" e la spiegazione di non decadimento dell'elio-4) ma in effetti i neutroni misurati sono pochissimi, cosa ammessa dal gruppo dello SPAWAR e motivo per cui gli altri laboratori non hanno quasi mai ritrovato tali neutroni. Solo la sofisticata impostazione sperimentale messa a punto nel grosso centro della U.S. Navy ha permesso di rilevare tale emissione. La teoria subirà con ogni probabilità delle correzioni e delle integrazioni... l'importante, come si evince, è che la reazione nucleare avviene e che ciò sia definitivamente riconosciuto a livello ufficiale quanto prima.

Tornando all'esperimento, come si può vedere dallo schema grafico di funzionamento (Figura 4), l'impostazione della cella è quella classica alla F&P in ambiente umido con acqua pesante (deuterio). Uno dei punti forti dell'esperimento è stato il processo di codeposizione Pd/D escogitato dal gruppo di San Diego.

Inoltre, per la rilevazione dei neutroni è stato utilizzato il CR-39, un materiale sensibile che permette delle rilevazioni abbastanza precise e a basso costo. In effetti tutto l'apparato è stato realizzato con pochi fondi e senza il dovuto supporto economico del Centro che ha concesso al gruppo di lavoro solo briciole di finanziamento. Questi risultati (positivi) sembrano non interessare particolarmente alle alte sfere dello SPAWAR.

---

[7] I neutroni sono particelle prive di carica, quindi non soggette ad interazioni di tipo coulombiano con gli elettroni e i nuclei del mezzo assorbitore. I tipi di interazione dipendono quindi dall'energia iniziale del neutrone (E_0). Per tale motivo si considerano diverse classi di neutroni: neutroni termici, $E_0 < 1/10$ eV; neutroni lenti, $1/10$ eV $< E_0 < 100$ KeV; neutroni veloci, 100 KeV $< E_0 <$ alcune decine di MeV; neutroni ad alta energia, $E_0 > 100$ MeV

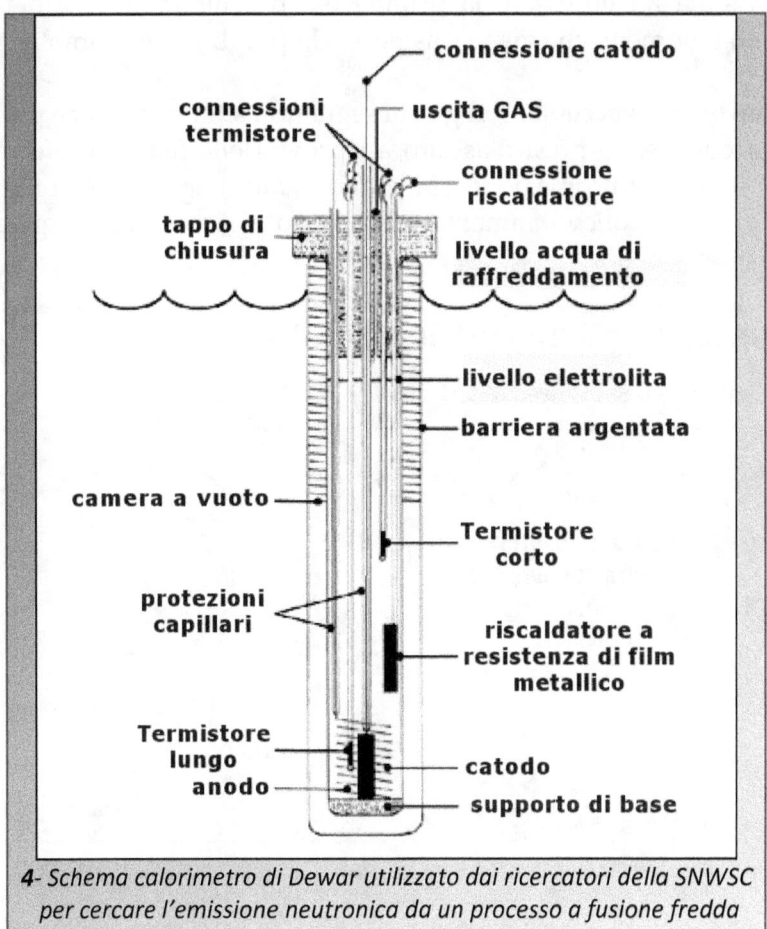

4- *Schema calorimetro di Dewar utilizzato dai ricercatori della SNWSC per cercare l'emissione neutronica da un processo a fusione fredda*

Eppure a qualcuno interessano, e molto. Al popolo.

Ed è la TV CBS, una delle principali emittenti statunitensi, a dedicare uno speciale sui risultati ottenuti dal gruppo e più in generale sulle ultime comprensioni del fenomeno. Così nella trasmissione "60 minutes" che va in onda in prima serata il 19 aprile 2009[8] si affronta l'argomento in maniera giornalistica e non scontata.

---

[8] Si può visionare la puntata integrale dall'indirizzo: http://www.cbsnews.com/video/watch/?id=4967330n Una traduzione completa del testo la trovate all'indirizzo: http://www.energeticambiente.it/fusione-fredda-alla-fleischmann-pons/14717521-cold-fusion-hot-again.html#post118944390

Questa risulta anche essere la prima vera trasmissione informativa sul contestato fenomeno che viene trasmessa da più di un decennio negli Stati Uniti.

E riscuote grosso successo. Nei giorni seguenti i siti internet che parlano di fusione fredda sono presi d'assalto a riprova della fame di informazioni sull'argomento. Informazioni che sono state negate per più di un decennio. E' simbolico l'aumento vertiginoso di accessi alla pagina "cold fusion" su wikipedia

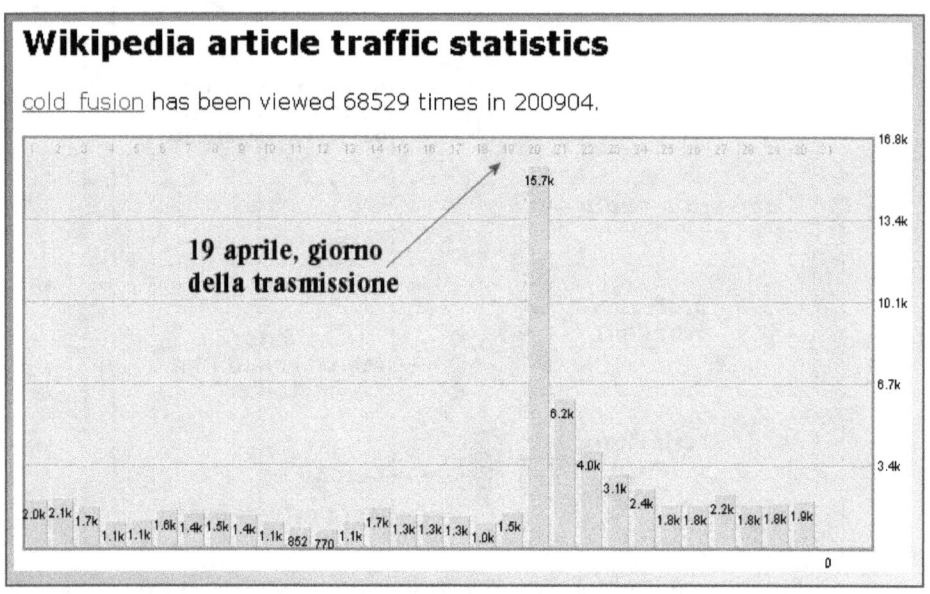

2010: Acqua e nickel per l'energia del futuro?

Era il 16 agosto 1990 quando il professore cercava nel suo laboratorio di portare a 8 kelvin una piastrina di nickel posta in atmosfera di idrogeno e su cui era presente una coltura biologica. La bassa temperatura era necessaria alla conservazione delle cellule. Ma, come scoprì dopo alcune ore con rammarico il professore, per qualche strano motivo la temperatura di quella celletta continuava ad aumentare senza un motivo apparente. Niente da fare, sembrava proprio che il calore si generasse da solo dall'interno. Le cellule dovettero essere buttate ma nella mente del professore continuava a battere il tarlo della comprensione di quello strano fenomeno.

Inizia così, per serendipità, la sperimentazione del Prof. Francesco Piantelli dell' università di Scienze Matematiche Fisiche e Naturali di Siena, nel mondo dei fenomeni nucleari a bassa energia.

I suoi studi procedono quindi sulla strada dell'utilizzo del nichel e del semplice idrogeno per ottenere eccessi energetici che lo portano a realizzare un primo brevetto nel 1995[9].
L'impostazione della cella del Prof. Piantelli è consistentemente diversa da quella classica alla F&P sia per i materiali utilizzati che per la proprietà di essere a "gas loading" e quindi in configurazione asciutta. Risulta essere una via di mezzo fra la cella di Patterson e quella di Celani.

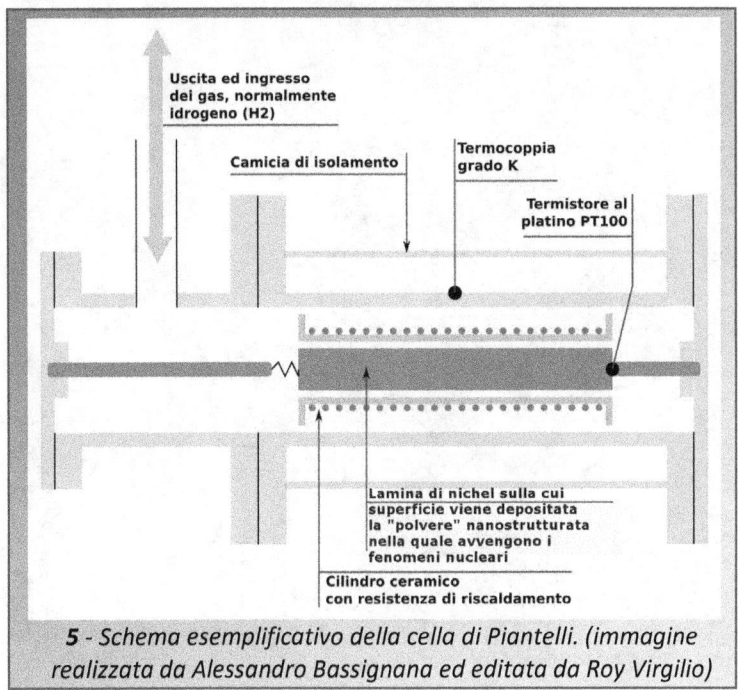

Uscita ed ingresso
dei gas, normalmente
idrogeno (H2)

Camicia di isolamento

Termocoppia
grado K

Termistore al
platino PT100

Lamina di nichel sulla cui
superficie viene depositata
la "polvere" nanostrutturata
nella quale avvengono i
fenomeni nucleari

Cilindro ceramico
con resistenza di riscaldamento

5 - Schema esemplificativo della cella di Piantelli. (immagine realizzata da Alessandro Bassignana ed editata da Roy Virgilio)

La vera innovazione sta nell'approccio, e alla conseguente metodologia operativa, che il prof. Piantelli ha usato per sviluppare le reazioni nucleari. Infatti non si effettua un intenso caricamento del metallo (come avviene invece per tutti gli altri esperimenti col palladio) ma la reazione nucleare si fa avvenire principalmente grazie alla particolare

---

[9] Il brevetto è consultabile alla pagina: http://www.wipo.int/pctdb/en/wo.jsp?WO=1995020816

configurazione spaziale degli atomi di nichel. Questa organizzazione è studiata e preparata con tecnica nanometrica.

In pratica si effettua una deposizione controllata di polvere nanometrica di nickel su una piastrina di nichel stesso. Questa deposizione, e tutta la preparazione di quello che possiamo chiamare il "combustibile", viene effettuata in ambiente controllato dove è precedentemente creato il vuoto spinto (10^{-9} bar) in modo da mantenere il nickel puro da altri elementi presenti nell'aria.

Di fatto il procedimento di realizzazione di questo combustibile è stato studiato e ingegnerizzato a tal punto da ottenere una ripetibilità assoluta nel riprodurre gli eccessi energetici nelle celle adeguatamente progettate.

6- Il macchinario che permette di preparare e strutturare a livello nanometrico il nichel in modo da ottenere un "combustibile" sempre identico, fondamentale per assicurare la ripetibilità degli eccessi energetici. (foto di Roy Virgilio)

Durante un periodo di sperimentazione e test della durata di 10 mesi si è alimentata una cella con una potenza elettrica di 29 Watt. I risultati sono stati molto promettenti in quanto l'energia fornita in uscita è stata mediamente di 35 Watt con punte di 70 W. Oltre all'eccesso energetico, nel lungo periodo di test sono stati rilevati diversi fenomeni che indicano l'avvenimento di reazioni nucleari quali emissione di raggi γ, emissione di neutroni, emissione di particelle cariche e il ritrovamento, al termine degli esperimenti, di altri elementi oltre al nichel di partenza sulle superfici dei campioni utilizzati.

E' inoltre da tenere in considerazione che la pila, una volta a regime, può essere staccata dall'alimentazione esterna e continuare a funzionare a regime costante per diversi mesi. Tale possibilità rende l'eccesso energetico elevatissimo ed è garanzia che le reazioni che avvengono all'interno sono di tipo nucleare (vista la piccola quantità di elementi in gioco per un totale di pochi grammi di materiale).

Un piccolo prototipo di cella è tutt'ora in funzione al momento della scrittura (ottobre 2010) presso un laboratorio situato in provincia di Siena e produce ininterrottamente da svariati mesi calore in eccesso rispetto a una cella identica riscaldata esclusivamente per effetto joule (resistenza elettrica).

Se la preparazione del combustibile è quindi fondamentale, non è comunque sufficiente a garantire la completa padronanza dell'effetto e la sua piena e controllabile replicabilità.

7- La cella in funzione presso il laboratorio del Prof. Piantelli. Attiva da circa un anno continua a produrre calore in eccesso in maniera costante e continuativa. (Foto di Roy Virgilio)

A dichiarazione del prof. Piantelli, vi sono 12 fattori principali che permettono il controllo totale del fenomeno, di cui la maggior parte si ritrovano nella preparazione del combustibile ma altri nella realizzazione e alimentazione della cella stessa.

A riprova dell'evoluzione della comprensione del fenomeno da parte del Prof. Piantelli, a maggio 2010 è stato registrato un nuovo brevetto[10] che è il frutto anche di una comprensione teorica del fenomeno. Tale teoria non si rifà alla QED coerente e alla matematica di Preparata ma a procedimenti più classici che però riescono a descrivere tutti gli avvenimenti energetici e le emissioni di particelle che si riscontrano sperimentalmente nella cella. Tale descrizione matematica è attualmente in fase di pubblicazione come documento interno all'università di Siena.

Sembra proprio che anche in questo caso, come in quelli di Celani e del gruppo SPAWAR statunitense, i risultati siano chiari, ben riproducibili e che, in quest'ultimo caso in particolare, siamo arrivati addirittura a una prima fase di reale ingegnerizzazione.
Ma allora cosa si aspetta a rendere il tutto industrializzabile e utilizzabile dalle persone comuni? La risposta nel prossimo capitolo.

Energia ed eccessi: un riassunto
Chiudo questo capitolo con uno schema riassuntivo delle potenze in gioco nelle diverse celle fin'ora analizzate.

Ente/sperimentatore	E-in	E-out	Rapporto E-out/E-in
ENEA (Frascati) /gruppo Del Giudice	19mW	240mW	12 volte E-in
Patterson (Texas)	0,1 – 1,5W	450 – 1.300W	900 volte E-in
INFN (Frascati) /gruppo Celani	raggiunta densità energetica > 400W/g di palladio		
Piantelli (Siena)	29W	70W	2,4 volte E-in (ma previsto 200-300 volte E-in a regime)

---

[10] Il brevetto è visionabile alla pagina http://www.wipo.int/pctdb/en/wo.jsp?WO=10058288

Cap. 5: La pila a fusione fredda

La domanda a questo punto si fa pressante: perché non abbiamo ancora in commercio apparati che funzionano sfruttando il fenomeno della fusione nucleare a bassa energia se le teorie esistono e gli esperimenti positivi anche?

La risposta è il fulcro di questo capitolo, e la svilupperò iniziando con l'analizzare quelli che sono stati, e sono in parte tutt'ora, i 3 principali antagonisti all'arrivo della fusione fredda.

Cosa manca per un prodotto commerciale?

Punto 1: L'accettazione accademica
Come abbiamo visto, esiste la teoria dell'Elettrodinamica Quantistica Coerente che grazie alla matematica sviluppata dal Prof. Preparata riesce a descrivere il fenomeno della fusione di nuclei a bassa energia in maniera pressoché esaustiva e anche con potere predittivo.

E' pur vero che non è l'unica teoria oggi esistente a riguardo, pur essendo la più solida. Anche la matematica del Prof. Piantelli riesce a spiegare tutte le fenomenologie legate al suo apparato e a prevederne riscontri sperimentali.

Entrambe le formulazioni non sono ad oggi accettate a livello unanime nella comunità scientifica (in particolare, la teoria del Prof. Piantelli è tutt'ora in fase di pubblicazione), ma ciò non vuol dire che manchi una base teorica consistente a supporto e spiegazione del fenomeno.

Però, di fatto, non esistendo ancora una teoria universalmente accettata, ne deriva che, pur tentando di lasciare da parte il grosso pregiudizio sulla realtà stessa del fenomeno, tale argomento non viene considerato quando vengono assegnati i fondi economici o vengono decisi i piani di studio e ricerca. Per tanto questo filone, non ricevendo soldi, non viene sviluppato come invece dovrebbe.

Questa mancanza di considerazione a livello accademico è il primo freno allo sviluppo, sia di una teoria unica e ufficiale per la spiegazione del fenomeno e sia per la nascita di gruppi di sperimentazione che possano effettuare il duro lavoro di ricerca e miglioramento dei prototipi che sono la base per il successivo interesse da parte di investitori privati o pubblici. Gli studi attualmente in corso, in Italia ma non solo, vengono portati avanti con briciole di altri finanziamenti o comunque per vie traverse.

Questo primo antagonista, la storia insegna, verrà superato solo col passar del tempo man mano che la questione entrerà a far parte del know-how dei giovani, e intanto che i più anziani lasceranno il controllo delle Università.

Punto 2: Il controllo delle attuali lobby dell'energia

Il mondo petrolifero, i big del nucleare a fissione e tutto il mondo legato a gas e carbone: giganti economici e politici che vedono in qualsiasi nuova fonte di energia un pericolo per il loro status quo e qualcosa che potrebbe minare il loro controllo assoluto sul mondo dell'energia.

Quello che può dar fastidio viene acquistato e messo da parte nel famoso cassetto. Un cassetto enorme e ricco di invenzioni utili e in qualche modo rivoluzionarie. Da pannelli solari realmente efficienti a sistemi di sfruttamento dell'energia quantistica (Zero Point Energy – Energia di Punto Zero).

Fantasia? Realtà? Sta di fatto che la fusione nucleare a bassa energia porta con se una rivoluzione sostanziale in quelli che sono i punti fissi dell'energia odierna: la scarsità, la centralizzazione e la distribuzione; ovvero il controllo.

La fusione fredda ha infatti dalla sua parte due punti di forza enormi: un'altissima densità energetica e il non aver bisogno di massa critica per avvenire. Ciò significa che si possono costruire pile grandi come una penna che possono alimentare un'intera abitazione. Per 50 anni. Con pochi grammi di materiale, principalmente costituito dall'accoppiata idrogeno + un metallo di transizione (palladio e nichel in primis), possiamo generare un energia costante e pulita che non emette scorie o radioattività e che costa poco. Troppo poco per interessare a coloro i quali oggi ottengono guadagni enormi e spropositati semplicemente rubando un prodotto alla natura; accaparrandosi e arricchendosi con un bene che dovrebbe essere proprietà dell'umanità e del mondo intero, non certo di privati senza scrupoli che lo utilizzano, tra l'altro, per inquinare e distruggere creando enormi disparità sociali.

Grazie a queste due caratteristiche, alta densità e assenza di massa critica, la fusione fredda è adatta per creare impianti diffusi sul territorio, essere applicata li dove serve con la potenza che serve. Non necessita di grandi strutture ed elimina gli sprechi e l'inquinamento dovuto al trasporto dell'energia su grandi distanze. Niente elettrodotti giganteschi e pericolosi per la salute, niente tir che trasportano gas e benzine per centinaia di km sulle nostre strade.

Pile. Delle pile che nascono come co-generatori (emissione sia di calore che di energia elettrica in un unico apparato), che potranno alimentare qualsiasi immobile o mezzo di trasporto necessitando di poco spazio e poco peso.

Una tecnologia così è anche difficilmente monopolizzabile. Al di la dei primi prodotti che necessitano della comprensione totale del fenomeno e di un buon affinamento produttivo, una volta in commercio i primi esemplari ci vorrà poco finché una ditta cinese o napoletana copi il prodotto e lo riproduca su larga scala.

Ciò sarà possibile perché la tecnologia che è richiesta per la realizzazione della pila non è di elevatissima complessità, o comunque non lo sarà per la gran parte dei componenti, permettendo così sviluppi e produzione da parte di una moltitudine di imprese che vorranno investire in questo settore.

Così come oggi non esiste un monopolio nelle pile alcaline così non dovrebbe essere possibile creare il monopolio nelle pile a fusione fredda.

Ci saranno ovviamente dei produttori principali ma anche altri potranno concorrere significativamente alla diffusione e, perché no, sviluppo di tali prodotti.

Già molte multinazionali si sono ovviamente interessate al fenomeno ma hanno solo contribuito al rallentamento dello sviluppo di tale tecnologia.

Ad esempio, casi fra i più conosciuti, sono quello della società nucleare francese, l'EDF, che ha controllato i laboratori dell'ENEA di Frascati acquisendo le conoscenze del gruppo di lavoro e assicurandosi che i risultati raggiunti non fossero già "troppo avanti"[1].

Stessa cosa è accaduta più volte da parte dell'ENEL che fa visita a svariati laboratori, comprende a che punto è lo sviluppo della tecnologia e offre pochi soldi per completare degli step di lavoro a patto poi di acquisire il controllo diretto sugli sviluppi futuri. Ovvero mettere nel cassetto il lavoro fin li eseguito.

In questo modo, pur non effettuando un boicottaggio diretto, che darebbe nell'occhio, si effettua un controllo sullo stato dell'arte non collaborando però allo sviluppo della tecnologia ma semmai rallentando il più possibile l'avanzamento della ricerca e facendo in modo, soprattutto per vie traverse (principalmente effettuando pressioni sul mondo politico e sui media), di non concedere spazi economici e di credibilità alla tecnologia.

Punto 3: Il potere militare

Per quanto sembri strano, come tante tecnologie che hanno rivoluzionato in qualche modo la nostra vita civile, anche la fusione fredda deriva dal mondo militare.

Come per la fissione nucleare, il GPS, internet, i cellulari, anche la fusione fredda ha avuto i suoi albori e i primi utilizzi con lo scopo di uccidere e distruggere. La natura umana è davvero ambigua e di difficile comprensione... ma tant'è e bisogna prenderne atto.

In questo libro non parlerò più di tanto degli aspetti legati all'utilizzo militare, vi è già un ottimo libro[2] che mette in luce e "certifica" l'utilizzo in diversi conflitti di armi micro nucleari basate sul fenomeno della fusione fredda.

Il concetto di base che rende molto appetibile l'utilizzo di questa tecnologia in guerra è la possibilità di utilizzare armi che con le dimensioni di un normale proiettile riescono ad avere una potenza esplosiva di centinaia di tonnellate di tritolo.

In due parole, precaricando un proiettile all'uranio impoverito (o ancor meglio uranio arricchito), di deuterio, quando il proiettile è sparato contro un bersaglio di una certa robustezza (ad es. un carro armato), le pressioni

---

[1]Vedi l'inchiesta svolta da Rainews24 col titolo "Rapporto 41":
http://www.rainews24.rai.it/ran24/inchieste/video/18102006_rapporto41.wmv
[2] "Il segreto delle tre pallottole" di Emilio del Giudice e Maurizio Torrealta - Edizioni Ambiente

raggiunte nell'istante dell'impatto fungono da detonatore per l'avvenimento della reazione di fusione fredda, poiché rendono possibile il superamento della soglia critica dando quindi l'avvio alla reazione nucleare. In questo modo si emettendo radiazioni ed una tale energia capace di far fondere tutto quello che c'è in un certo raggio dall'impatto. Per tanto è possibile confezionare armi tattiche con potenza nucleare (*mininukes*) ma senza i problemi legati alla massa critica normalmente necessaria per tutte le altre bombe di tipologia nucleare. Se vi è fra i lettori qualcuno interessato ad approfondire quest'uso nefasto della fusione fredda e gli intrecci col mondo della ricerca, lo invito caldamente a leggere il libro che ho segnalato.

Perché parlo di ciò? Semplicemente perché comprendendo che questa tecnologia è in mano e quindi sotto il controllo militare, di fatto deve rimanere quanto più è possibile una realtà segreta e inutilizzata.

Depistaggi, disinformazione, minacce e anche assassini sono stati perpetrati senza troppi scrupoli per mantenere certe informazioni quanto più riservate ed inaccessibili è stato possibile.

Più di un decennio è stato completamente perso a causa di questi tre attori che hanno collaborato, anche involontariamente, fra loro per procrastinare l'arrivo dello sfruttamento a livello civile del fenomeno della fusione fredda. Ma, come ho scritto in apertura, <<*C'è una cosa più forte di tutti gli eserciti del mondo, ed è un'idea il cui tempo sia giunto*>> e siccome credo davvero che il momento che stiamo vivendo sia quello decisivo, non posso non chiudere questo capitolo e il libro rispondendo alla domanda cardine: quando arriva la fusione fredda?

Il generatore a energia protonica

"Se la fusione fredda fosse una tecnologia valida ci farebbero gli scaldabagni! Perché non ne esiste neppure uno? Semplice, perché è una bufala!"

Questa è una delle classiche frasi di chi non crede nella realtà della fusione fredda e non ci crederà, in buona o cattiva fede, finché non avrà davanti agli occhi un apparato che funziona inconfutabilmente col nuovo fenomeno.

Ebbene, non dovrà attendere molto. E con lui, tutti noi.

Infatti il fenomeno ha, nonostante tutto, raggiunto una maturità tale che si può finalmente pensare di poter creare un co-generatore affidabile e commercializzabile nel giro di pochi anni.

Le mie non sono mere ipotesi o speranze ma sono il frutto delle conoscenze di alcune realtà che si accingono, finalmente, a realizzare un prototipo pre-industriale di generatore di energia basato su reazioni nucleari a bassa energia.

In particolare vi descriverò il progetto, ideale ed esecutivo, di ciò che sta partendo proprio in questi giorni (settembre 2010) nel cuore della toscana.

Nel Capitolo 4 vi ho descritto il lavoro del Prof. Francesco Piantelli dell'Università di Siena. Grazie alle sue conoscenze e ai positivi riscontri sperimentali consolidati negli anni, si è finalmente giunti a una maturità conoscitiva che permette di poter aver fiducia nello sviluppo di un prototipo industriale di medio-piccole dimensioni.

Onde bypassare tutti quelli che potevano essere i problemi legati al reperimento di fondi universitari o di provenienza pubblica (fondi europei o bandi vari), si è optato per coinvolgere alcuni investitori privati che sono stati introdotti alla tecnologia e a cui è stata data l'opportunità di verificare i risultati sperimentali che si stavano già ottenendo con le piccole pile in funzione.

Una volta messi di fronte alla realtà del fenomeno e le sue potenzialità, si sono convinti a finanziare la costruzione di un prototipo il cui progetto è già stato sviluppato dal prof. Piantelli.

Il prototipo è studiato per avere una potenza di circa 40 kW termici e 7 kW elettrici ed è previsto un tempo variabile per la realizzazione che potrà oscillare da uno a due anni in base alle difficoltà che si riscontreranno durante la costruzione.

E' la prima volta che un tale apparato viene prodotto, per tanto, per quanto sulla carta sia tutto pronto, non è davvero possibile prevedere con certezza come il fenomeno e il prototipo stesso risponderà a queste potenze.

La Fusione Sociale: Azionariato popolare!
Per la realizzazione del prototipo e la fase brevettuale (oltre agli esistenti citati, man mano che il prototipo sarà realizzato verranno registrati ulteriori brevetti), sono state create due società che svolgeranno il lavoro a più alta incertezza.

Una volta costruito il prototipo funzionante si tratterà di realizzare un secondo prototipo concretizzando anche tutto l'apparato industriale per la sua produzione su larga scala e la successiva vendita a terzi. Per quest'ultima fase è prevista la creazione di una terza società che, almeno negli intenti attuali, sarà aperta anche ai piccoli investitori, ovvero a tutti coloro che sono interessati a far sviluppare e investire in tale tecnologia, realizzando un azionariato di tipo popolare.

Questo sia per distribuire più equamente gli utili e sia per evitare che qualche manager disonesto blocchi o sfrutti in maniera insensata questa enorme opportunità.

Io mi prendo l'incarico di seguire l'evoluzione del progetto e di pubblicizzare l'apertura dell'azionariato sia sul forum www.energeticambiente.it che sul sito www.progettomeg.it e su tutti gli altri canali che riuscirò a interessare. Potrete comunque essere i primi a ricevere le novità se inoltrate una mail a fusionefredda@energeticambiente.it indicando l'interesse a partecipare all'azionariato popolare.

La disponibilità del Prof. Piantelli in tal senso è significativa della sua onestà intellettuale e umana.   E per ciò avrà certamente il massimo supporto da una moltitudine di soggetti. Come già sta accadendo.

Uno sguardo al futuro
Da quanto abbiamo appena letto sembra proprio che la prima applicazione civile della fusione fredda sarà un co-generatore destinato all'uso residenziale o industriale.

Se questo primo passo avrà successo, come certamente lo avrà, aprirà la strada per una nuova società e un nuovo paradigma nell'uso dell'energia.

La possibilità di avere abbondanza energetica a basso costo, sia economico che ambientale, darà l'opportunità all'umanità intera di fare un salto quantico nella sua evoluzione. Ci vorranno ancora diversi anni, almeno un decennio probabilmente, finché l'ingegnerizzazione del fenomeno sia così all'avanguardia da creare piccole pile e grossi generatori, ma se non sto sbagliando completamente, nel medio termine pressoché tutti i campi della vita umana ne saranno coinvolti.

La mobilità potrà affrancarsi totalmente dalla dipendenza petrolifera, diventando molto più pulita e anche più a misura d'uomo grazie alla possibilità di creare piccolissimi veicoli personali (quali ad es. l'attuale *segway PUMA*) che avranno però autonomie di migliaia di km e potenze a piacere. Questi veicoli, uniti inevitabilmente a una riprogettazione urbanistica e al mutare delle abitudini, consentiranno di abbandonare l'uso massiccio delle automobili riconsiderando totalmente i metodi e mezzi di trasporto.

In edilizia tutto ciò che riguarderà la climatizzazione, l'illuminazione, e gli apparati (elettrodomestici e domotica) che necessitano di alimentazione, potrà ricorrere a pile e/o grossi generatori che forniranno energia autonomamente sul luogo permettendo di essere indipendenti da gas e petrolio. E anche dalle fonti rinnovabili classiche quali solare e eolico che potranno essere installate come unità di sicurezza in caso di qualche interruzione del generatore principale.

Anche se personalmente mi sembra imbarazzante da dire, dopo più di un decennio a sostenere le energie rinnovabili, queste, appena sarà effettuata una significativa ingegnerizzazione della fusione fredda, passeranno in secondo piano (ma sempre avanti ai prodotti petroliferi o altre soluzioni inquinanti), e serviranno solamente in ausilio ad impianti di fusione fredda o saranno utilizzati da forti affezionati alla tecnologia di origine solare.

Molto probabilmente si creerà un nuovo paradigma ove l'energia dovrà essere ottenuta in modo pulito e rinnovabile e qualsiasi emissione inquinante in atmosfera (dai veicoli alle centrali a carbone) sarà assolutamente vietata e vista come realtà di un "passato malato e autodistruttivo".

Certamente non saranno tutte rose e fiori. Questa potente energia potrà allontanarci ancor più dalla natura ed essere utilizzata per sterminare attivamente e completamente la nostra razza, essere strumento per aumentare ancor di più la nostra pressione demografica sul pianeta e portarci in più modi verso un'auto distruzione.

Oppure essere usata con intelligenza e al servizio del benessere per concretizzare un sogno di maggior autonomia e autodeterminazione in sintonia con la natura e i suoi cicli. Pesare meno (molto meno!)

sull'ambiente potrà dare alla Terra la possibilità di riequilibrarsi un po' e riprendersi degli spazi oggi annullati dal pesante inquinamento.

Si potrà utilizzare l'abbondanza energetica per ripristinare ecosistemi e soprattutto per non intaccare più quelli rimasti con la scusa della necessità energetica.

La fusione fredda è solo uno **strumento** nelle nostre mani. Un potente strumento. Ma sta solo a noi la decisione di come utilizzare questo potere. Chiudendo con una famosa frase di Stan Lee: *"da un grande potere derivano grandi responsabilità"*.

La sfida continua.

Roy Virgilio

Collana "La Pillola Verde"

Pillola n. 2 – "Fusione Fredda: cos'è e come funziona"

Altre Pillole già pubblicate:
Pillola n. 1 – "Energy Scavenging – utilizzo attivo dell'energia di scarto"
http://www.lulu.com/product/ebook/energy-scavenging/6510697

Di prossima pubblicazione:
Pillola n. 3 – "Hai voluto la bici? E ora... E-bike!"

Acquistando questi e-book sostieni il forum
EnergeticAmbiente.it